猫がいるしあわせ

オイラとおまえの物語

駒猫

ACHIEVEMENT PUBLISHING

猫がいる しあわせとは？

私たちの1年が猫たちにとっては何年にもなる。
このかけがえのない日々を残しておきたい。
そう思って、駒、わび助、ベーちゃんとの日常をインスタグラムに投稿し始めました。
イラスト漫画で綴る『猫がいるしあわせ』は2018年に書籍化されて、ひとつの物語になりました。

しかし、飼われている猫だけではなく何気なく街中ですれ違う名前のない猫たちにも私たちが知らない大切な日常があるんだと改めて強く思いました。

以前、車の事故で倒れている猫を保護したことがあります。
野良猫と思われるその子の足の裏をそっと優しく撫でました。

汚れた硬い肉球は、さっきまで一所懸命たくましく生きていた証に思えました。
野良猫は駒、わび助、ベーちゃんと暮らす前に出会ったたいっぱい君とも似ていました。

君はどんな風に生きてきたの……？

しあわせ、後悔、愛しい気持ち、希望や別れ……言葉にできないものを物語として描かずにはいられませんでした。
それが『猫がいるしあわせ——オイラとおまえの物語——』です。

一緒に暮らす猫にも、私たちが見知らぬ猫たちにも大切な日常があって大切なことを教えてくれる。

そんな気持ちが届けばさいわいです。

駒ちゃん
ママがお絵かきするのを見ることが大好きなのよ♡
駒だヨ♡
かわいくかいてネ
じぃ〜
ひょこ
5才
THANK YOU
1番上のお姉さんだから
えんりょがち。甘えたい気持ちを
かくしてるけどバレバレ♡
いじらしくてとっても
女の子らしい♡
君の願い
KIRAKIRA
KOMANEKO
チャームポイントは
大きな目だヨ
追いかけっこ
大好き!

わび助

4才

自分が伝えたい事があると色んな方法で
アピールしてくる頭脳派!
だけどとってもやさしくて
甘えん坊♡ パパとのおしゃべり
ブラッシングが
とにかく
大好き♡
チャームポイントは
お鼻のもっふりだヨ♡

ペーちゃん
おてんば
3才 おんなの子
とにかく
元気いっぱい！
クレヨン
クレヨン
ギュン
てへぺろ〜♡
キュルルン♡
ギュン
とってもおてんば
レディ〜！
皆にちょっかい
ばかり出してるけど
駒姉ちゃん わび助
兄やんが大好き♡
特技は
早起き
ですよ〜！
クレヨン
チャームポイントは
チロッとベロを出す
ところだヨ♡

目次

奇跡的に三匹一緒に撮れました(^^)
#猫がいるしあわせ

箱入り娘はスーパーの袋とこんな場所が好き

わび助が、時折見せるこの表情が大好きなんです 笑
#お家でお鼻見しよう♪

夏仕様に替えたかごベッド用のクッション
2日でビックリするほど毛だらけに!! 笑

ムニャムニャ…zzzz

女の子らしい駒ちゃん

イラスト作画中、資料に寄りかかる駒ちゃん
ママの側が大好き♡

斜め上目遣い
めんこいこと♥

駒ちゃんかわいいすまし顔♡

なんせ三匹ぶんのお髭ですから(^^)

お気に入りの座布団でまったり

トンネルの使い方が個性的なわび助

今ではとても渋いわび助ですが、
実はこの頃のままの甘えん坊さん 笑

キツネと同じ表情に「被りたかったの？」笑

ひんやり扇風機にほっぺたを押し当て気持ち良さそう♥

ほわほわの、ふわっふわっの、
ころっころの子狸ちゃん

やさしいお顔でうとうと…zzz

かわいいテヘペロ(^^)

黒電話とベーちゃん

皆さんに
私の秘密を教えますね
実は私、イビキがうるさいんです
内緒だよ♪

星の王子さまを背後から
冷静な眼差しで見ている子狸ちゃん

パパが買ってくれた
あったかいベッド
とってもモフモフですよ～

猫がいるちいさな映画館

べーちゃんも上りたい 笑

駒ちゃんとわび助のコンビ

こうやって並んでる後ろ姿を見るとふふふってなる
何見て、何考えてるんだろうね

朝の日課

べーちゃんは
寝ている私を
起こそうと
一生懸命
コラコラ!
わかったから
今、起きる
からね…
ホリホリホリ
ホリホリホリ

そして
遊んでほしくて
走り出す
バビューン

それから急に甘え出してくる
そんなべーちゃんが大好き
な〜で
な〜で
トローーン
でもね
べーちゃん

AM 03:30
べーちゃん
ママねむいよー
今何時か
知ってる?
フリ
フリ
フリ

おやつ

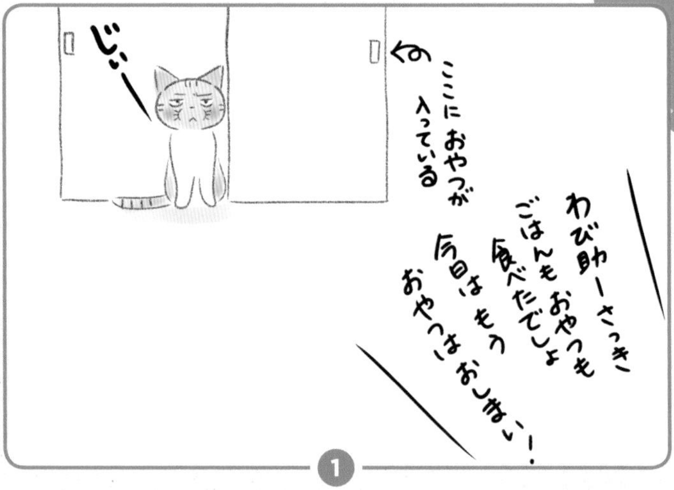
わび助ーさっき
ごはんもおやつも
食べたでしょ
今日はもう
おやつはおしまい！
ここにおやつが
入っている
じぃー

まったく
食べてばっかり
なんだからー笑
バリバリ

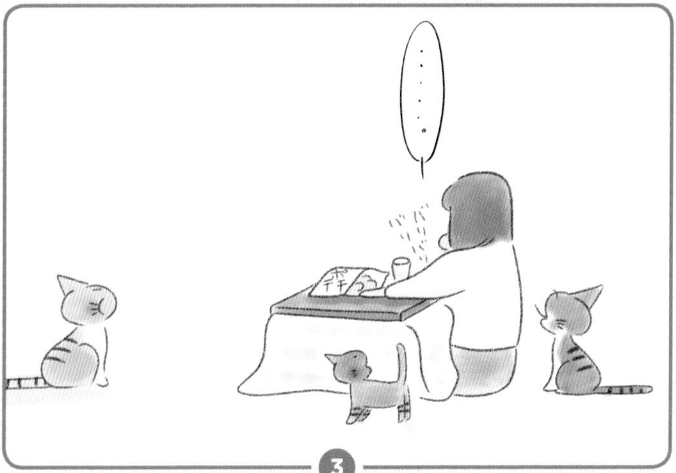

3

4

とりあえず

これは何だろうと
考えているようだが
……。
……。
3

とりあえず
飛ばす!!
パタタタ
ビシッ
4

ヤキモチ

駒ちゃんが
……。
ん〜♡ ひだまりのにおいがするね〜

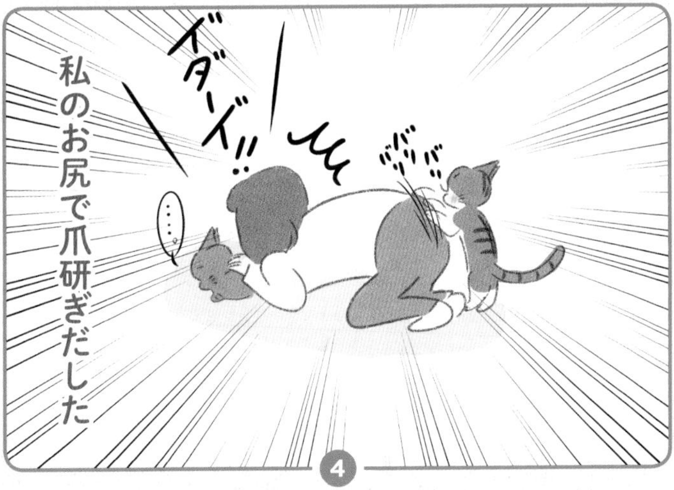
私のお尻で爪研ぎだした
イダーイ!!
バリバリ
……。

わび助の行動

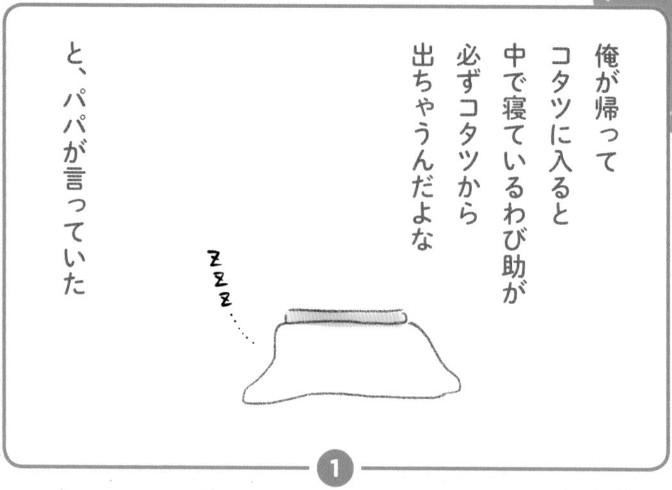
俺が帰って
コタツに入ると
中で寝ているわび助が
必ずコタツから
出ちゃうんだよな
と、パパが言っていた
zzz

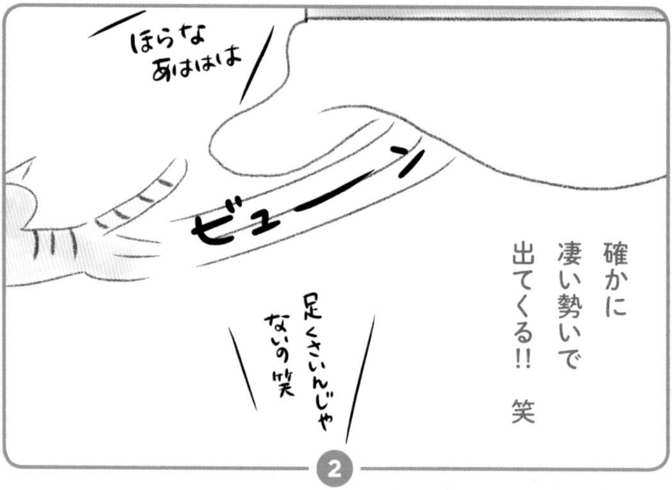
ほらな
あははは
ビューーン
確かに
凄い勢いで
出てくる!!
笑
足くさいんじゃ
ないの笑

おもしろいなあ
わび助はー笑
まだ
寝ボケている
ピタッ
でも、私は気付いてしまった

わび助はコタツから
出ちゃうんじゃなくて
なーで
なで
パパの側に行きたくて
コタツから
出てくるんだってことを

駒ちゃん
一生懸命毛づくろい
ペロペロペロ

ピッカー
スタスタ

3

4

あのキラキラは
誰かの願い事でできてるって
おまえが教えてくれた

おまえとずっと
一緒にいられますように
そんなオイラの願いも
キラキラになってんのかな

オイラとおまえの物語

ごそ
ごそ
みかん
オイラの兄妹は
にょきっ
みかん
みーんな
もらわれた
ふぬぬぬ
つるっ
んなっっ

ぽてーん
ピキョン
オイラ？
オイラは……
パシャ
パシャ
あえて
ここにいる
ぶしゅん
みかん
ここに
いたいのさ
パシャ
ニンゲンなんて

ニンゲンなんて
キライさ
そっ
お家においで
みかん
ガヴーーガウー
トラの子みたいねー
うふふ♡
ト〜ラ♡
でーっキライさ

ここがトラのお家よ
キョロ
キョロ
ごはんもいっぱい食べるのよ♡
ガッ
ガッ
ガッ
トラかわいいねー
ビクッ
ガオー

やっちまった
オイラ
またやっちまった
……。
おまえは
キョウボウだから
もらい手が
いないねって
ヴー
それで
オイラは
捨てられてんだ
キャハハハ
トラが
おこった
おこったー♡
だからオイラ
また捨てられ…
ポカーン
ママー
トラがガオーって
ないたよー♡
あははは
本当のトラだと
思ってるのかしらね笑
……。

この家のニンゲンは
ちょいとおかしんじゃないか?

オイラが
怒ってんのに
笑ってらー
ヤーッ

ママ見てー トラ赤ちゃんみたいでしょ♡
おいおい かんべんしてくれ
トラー おいでー だっこするよー
スタスタスタ
ママー トラだっこ させてくれない
ブル
ブル
ブル
トラが 自分から だっこーって来るまで まとうねー♡
は〜い♡ そんだら ギュ〜ーするー
まったく
トラー こっち むいてー♡
どんだけ オイラのこと 好きなんだよ はずかしい だろがっ

でも
何でだろ
トコ
トコ
はずかしいけど
くるっ
おまえの側に
いきたいな…
ZZZ
スヤー
おまえの
側に

びえ～ うえ～ うえ～ん
ある日
おまえが
泣いていた
トコトコトコ…
オイラ
どうして
いいか
わからない
うろうろ
そしたら、
オイラしっぽが
おまえに触れて
ふわっ
キャハハハ
トラ くすぐったい～
おまえは
笑ったんだ

それから
オイラは
おまえを
笑わせたくて
おもちゃ
キャハハハ
色んな
イタズラを
したのさ
キャー
うんちー♡
だけど
トイレ
ポンッ
えーい
おかえしだ~♪
いつも
おまえが
うわてなのさ
あははは
も~うんちで遊ぶんなんて
いませんよ~
お片付けできるのかな~?
はーい!
ちゃんと
できまーす!
イタズラ
したあとは
決まってママに
しかられて
トコトコトコ

あれ?! トラお片付けしてくれたの?
ポイッ
ふたりで

トラありがとう
次は何してあそぼうか?
ガハハハ
次のイタズラの計画さ

おまえはオイラが
怖がらないようにと
無理に触れたり
しなかった
キラキラは
誰かのこころに
くっついて
ねがいをかなえて
くれる
トラー
こっちにきてー
そのかわり
おまえはいつも
どんな時だって
オイラに優しく
ほら見えるでしょ?
あれがお空のキラキラよ
私も
おねがいするね
話しかけてくれる
トラが
だっこしてくれますよーに!
本当は
こんなに嬉しいのに
だって
トラが大・大
大好きだから♡
オイラは
素直じゃないな

食べる投資

満尾

最新の栄養学に基づく食事で、ストレスに負けない精神力、冴えわたる思考力、
痛み、病気と無縁の健康な体という最高のリターンを得る方法。ハーバードで
を研究し、日本初のアンチエイジング専門クリニックを開設した医師が送る食

◆対象：日々の生活や仕事のパフォーマンスを上げたい人

ISBN978-4-86643-062-1　四六判・並製本・200 頁　本体 1350 円 + 税

超・達成思考

青木仁志

成功者が続出！ 倒産寸前から一年で経常利益が 5 倍に。一億円の借金を、家事と
を両立しながら完済。これまで 40 万人を研修してきたトップトレーナーによる
年間続く日本一の目標達成講座のエッセンスを大公開。

◆対象：仕事、人間関係、お金など悩みがあり、人生をより良くしたい人

ISBN978-4-86643-063-8　四六判・並製本・168 頁　本体 1350 円 + 税

産科医が教える

赤ちゃんのための妊婦食

宗田哲男

妊娠準備期から妊娠期、産後、育児期の正しい栄養がわかる一冊。命の誕生のとき
人間の体にとって本当に必要な栄養とは何か？　科学的な根拠を元に、世界で初
て「胎児のエネルギーはケトン体」ということを発見した、産科医が教える。

◆対象：妊娠中の人、妊娠を考えている人

ISBN978-4-86643-064-5　A5 判・並製本・312 頁　本体 1600 円 + 税

新版　愛して学んで仕事して
～女性の新しい生き方を実現する 66 のヒント～

佐藤綾子／

400 万人に影響を与えた日本一のパフォーマンス心理学者が科学的データを基に
身でつづった、自分らしく人生を充実させる 66 の方法。

◆対象：生活・仕事をもっと効率化したい人

ISBN978-4-86643-058-4　四六判・並製本・224 頁　本体 1, 300 円＋税

人生 100 年時代の稼ぎ方

勝間和代、久保明彦、和田裕美／

人生 100 年時代の中で、力強く稼ぎ続けるために必要な知識と概念、思考について
３人の稼ぐプロフェッショナルが語る一冊。お金と仕事の不安から無縁になる、時
代に負けずに稼ぎ続けるための人生戦略がわかります。

◆対象：仕事・お金・老後に不安がある人、よりよい働き方を模索する人

ISBN978-4-86643-050-8　四六判・並製本・204 頁　本体 1, 350 円＋税

グラッサー博士の選択理論　全米ベストセラー！

～幸せな人間関係を築くために～

ウイリアム・グラッサー／著
柿谷正期／訳

「すべての感情と行動は自らが選び取っている！」
人間関係のメカニズムを解明し、上質な人生を築くためのナビゲーター。

◆対象：良質な人間関係を構築し、人生を前向きに生きていきたい人

ISBN978-4-902222-03-6　四六判・上製本・578 頁　本体 3, 800 円＋税

……
ぴょん
オイラ
オイラも
ぴとっ
おまえが
ギュッ
大大
大好きだ!!

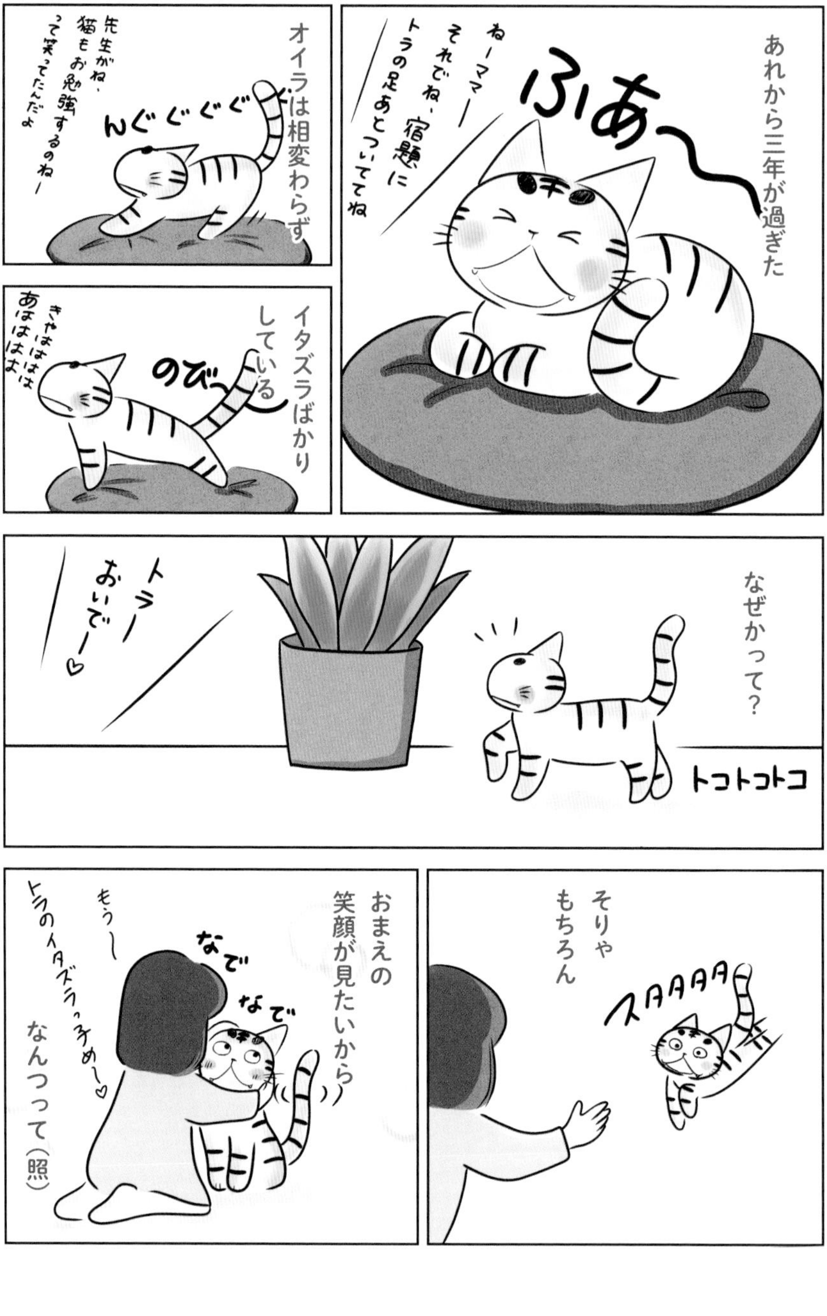

あれから三年が過ぎた
ふあ〜〜
ねーママー
それでね、宿題に
トラの足あとついててね
オイラは相変わらず
んぐぐぐぐ
先生がね、
猫もお勉強するのねー
って笑ってたんだよ
イタズラばかりしている
のびっる
きゃはははは
あははははは
なぜかって?
トコトコトコ
トラー
おいでー♡
そりゃもちろん
スタタタタ
おまえの笑顔が見たいから
なでなで
もう〜
トラのイタズラっ子め〜♡
なんつって(照)

チュン
チュン
いってらっしゃい
はーい
いってきます
ひそ
ひそ
トラ
私が帰ったら
今日も
たくさん
あそぼうね
おう！　もちろんだぜ！
ガオ
早く帰ってこいよな
パタン

カタカタ
ヒュ
ふあー
そろそろ帰ってくるころかなぁ
帰ってきたらどうやって笑わそうか
カリカリカリ
トラ

どんな
イタズラを
しようかな
ペロン
ペロン
すっからかん
トラ
早く
帰って
こないかなー
ペロン
ペローン
あー
待ちきれないぜ
ぴょん

オイラ
ひらめいたぞ
うんしょ
うんしょ
ガラララ…
帰ってくるのを
先まわりして
そ
おどろかすんだ
オイラが
迎えに
行ったら
喜ぶぞ

恐縮ですが
切手を貼っ
てお出しくだ
さい

郵便はがき

1 4 1-0 0 3 1

東京都品川区西五反田
2－19－2 荒久ビル4F

アチーブメント出版(株)
ご愛読者カード係行

お名前		男・女	歳
ご住所	(〒 -)		
ご職業			
メールアドレス	@		
お買上書店名	都道府県	市区郡	書店

この度は、ご購読をありがとうございます。
お手数ですが下欄にご記入の上、ご投函頂ければ幸いです。
このカードは貴重な資料として、
今後の編集・営業に反映させていただきます。

●本のタイトル

●お買い求めの動機は

①広告を見て（新聞・雑誌名　　　　　　　　　　　　　　　　）
②紹介記事、書評を見て（新聞・雑誌名　　　　　　　　　　　）
③書店で見て　④人にすすめられて　⑤ネットで見て
⑥その他（　　　　　　　　　　　　　　　　　　　　　　　　）

●本書の内容や装丁についてのご意見、ご感想をお書きください

●興味がある、もっと知りたい事柄、分野、人を教えてください

●最近読んで良かったと思われる本があれば教えてください

本のタイトル
ジャンル
著者

●当社から情報をお送りしてもよろしいですか？
（　はい　・　いいえ　）

ご協力ありがとうございました。

ピク ピク
コロー
コロー
コロー
お散歩行こうねー
ちょっと待っててねー♪
ワン♪
コロって
お前さんの
名前かい?
オイラにも
名前が
あるんだぜ
トラっ
てんだ!

かわいい あの子が つけてくれた のさ
ひょい
いい名前だろ！
オイラがトラみたいに
ガサ
ガサ
売地
オイラとっても
強いからトラなんだぜ
ぶしゅっっ
ぴょん
ガハハハハ
気に入ってるのさ！

ガサ ガサ
はっ!!
ひょこっっ
オイラ遊びすぎちまった
迎えに行くどころか
もう帰っちまってるな
おまえも
この夕焼け
見てんのかな

何で
だろうな
気付けば
オイラ
おまえの事
ばっかり考えてらー
きっと今頃
オイラがいなくて
おまえは心配してるな
早く
帰ろう
ぴょーーん
スタッ
おまえのところに

うわっっおっかねー
ガオー
ガオ、
オイラ怒ってた
にげろー
ずっとずっと怒ってた
捨てられたあの日も怒ってた
みかん

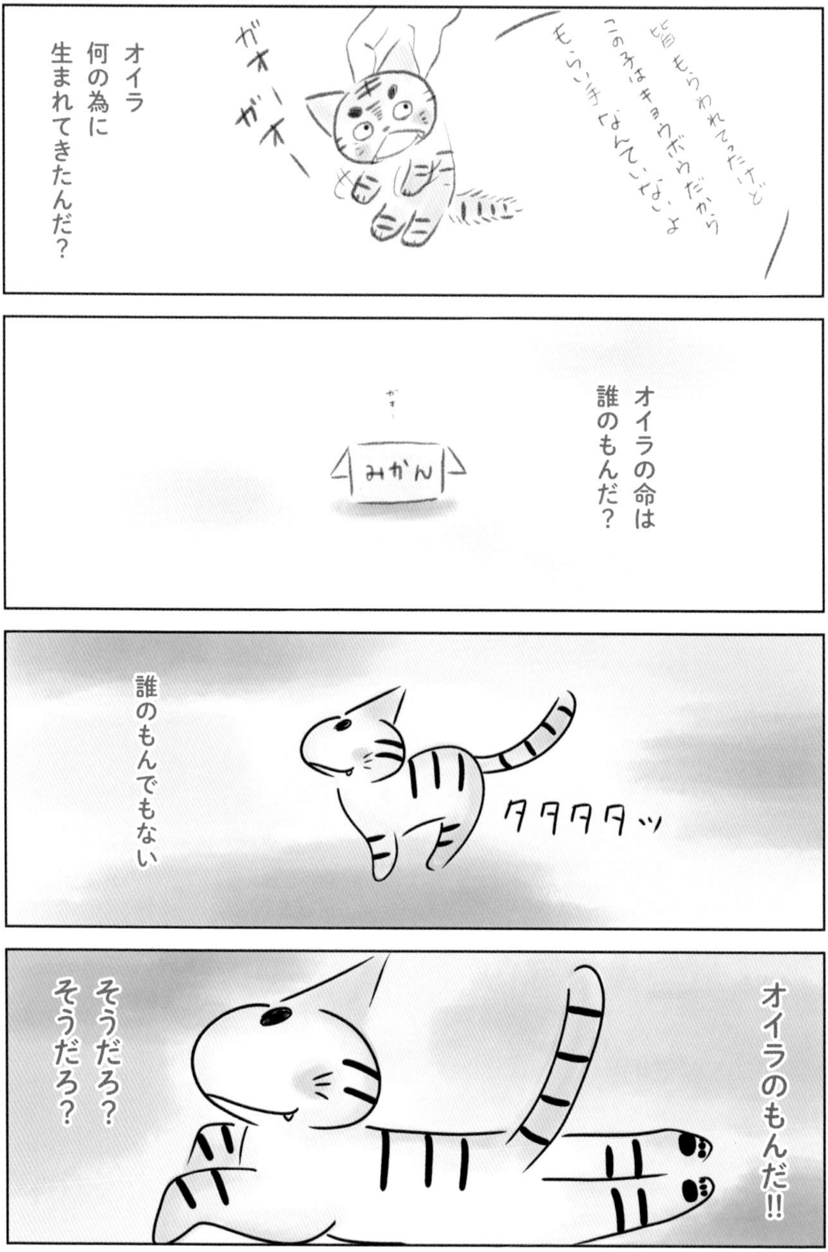
皆もらわれてったけど
この子はキョウボウだから
もらい手なんていないよ
ガオーガオー
オイラ
何の為に
生まれてきたんだ？
オイラの命は
誰のもんだ？
ガオー
みかん
誰のもんでもない
タタタタッ
オイラのもんだ!!
そうだろ？
そうだろ？

何の為に生まれてきた？

トーラ だーいすき♡
誰かに可愛いねって大好きだよって愛される為に生まれてきたのさ
キャッ キャッ
タタタタッ
あれがお空のキラキラよ
うふふ♡
そっ

それを
おまえが
教えてくれた
タタタタッ
おまえが
教えてくれたんだ!!
タタッ
大好きな
大好きな
おま…え…
?!

なんじゃこりゃー!!
……。
たたたたた
おーい
コロー
大変だぁー!!
ぴゅ〜
くるっっ
ハァ ハァ
コロ、オイラのこと わかるかい?
……。
コロー おやすみー♥
ワン♪
オイラのこと見えてない!!
ズッ
トラー トラー トラー

この声は
ぴゅー
やっぱりおまえだ
ハア
ハア
なんてこったい
おまえが泣いてる
トラー
ぐすん ぐすん
どーしたらいいんだ?
オイラ
おまえの涙に弱いんだ
うろ
うろ
トラ……
どこにいるの……
せめて
オイラの姿が
おまえに
見えたら…
ふわっ

トラ
トラ……
やっと見つけた

オイラが見えるのかい？
うん！
ずっと探して
くれてたのかい？
ずっとずっと
探してた
トラに会いたかった
会いたかった！
うえ〜
んっっっ
おまえを泣かしちまって
とんだイタズラに
なっちまったな
トラのばかばか〜〜〜〜！
うえ〜〜〜ん
泣かないでくれ
オイラはおまえの涙に弱いんだ
いいかい
よく聞いてくれ
もうオイラはおまえの側に
いられないんだ
わかるかい？
やだーー！ わかんない！
誰にでも
いつかは
別れってもんは
やってくるもんなのさ
ただオイラは
おまえが心配だ
だからお願いだ
コロ

強くなれ！
オイラみたいに
強くなれ！
やだーーー！
だっておまえは
オイラが
トラみたいに
強いから
トラって名前を
つけてくれただろ？
だから
オイラみたいに……
ちがうーー！
トラは
とってもとっても
可愛いからだよ
ガオーガオー
トラの子みたいで
可愛いからだよ
うふふ トラの
なき方
おもしろいネ
ばっ
ばかなこと
言うもんじゃねー
ぶすー
オイラ男の子だぞっ
そんな事言われたら
てっ照れるじゃねーか
ト〜ラ♡
なんでそんなに
かわいいの♡
ぷはっ
キャハハハ
ぶはっっ
ガハハハ

うん
そうやって
おまえは笑ってくれ
オイラは
おまえの笑顔が大好きなんだ
オイラはおまえから
100万年分の愛情を
いっきにもらった
ようなもんなのさ
いつもおまえは
優しく声をかけてくれた
いつも可愛いねって
優しくなでてくれた

いつもオイラの
イタズラで
笑ってくれた
いつもオイラの
味方だった
トラ
あったかいね
そんな毎日がオイラにとって
特別な日だったのさ
わかるかい？
オイラが言いたいこと
つまりオイラは
しあわせだった
ごし
ごし
おフロあがりはミルクをどーぞ♪
すりすり
そしておまえの事が
大好きだって事を…
わかってくれたかい？
うん！　うん！
よかった…
あのさっ

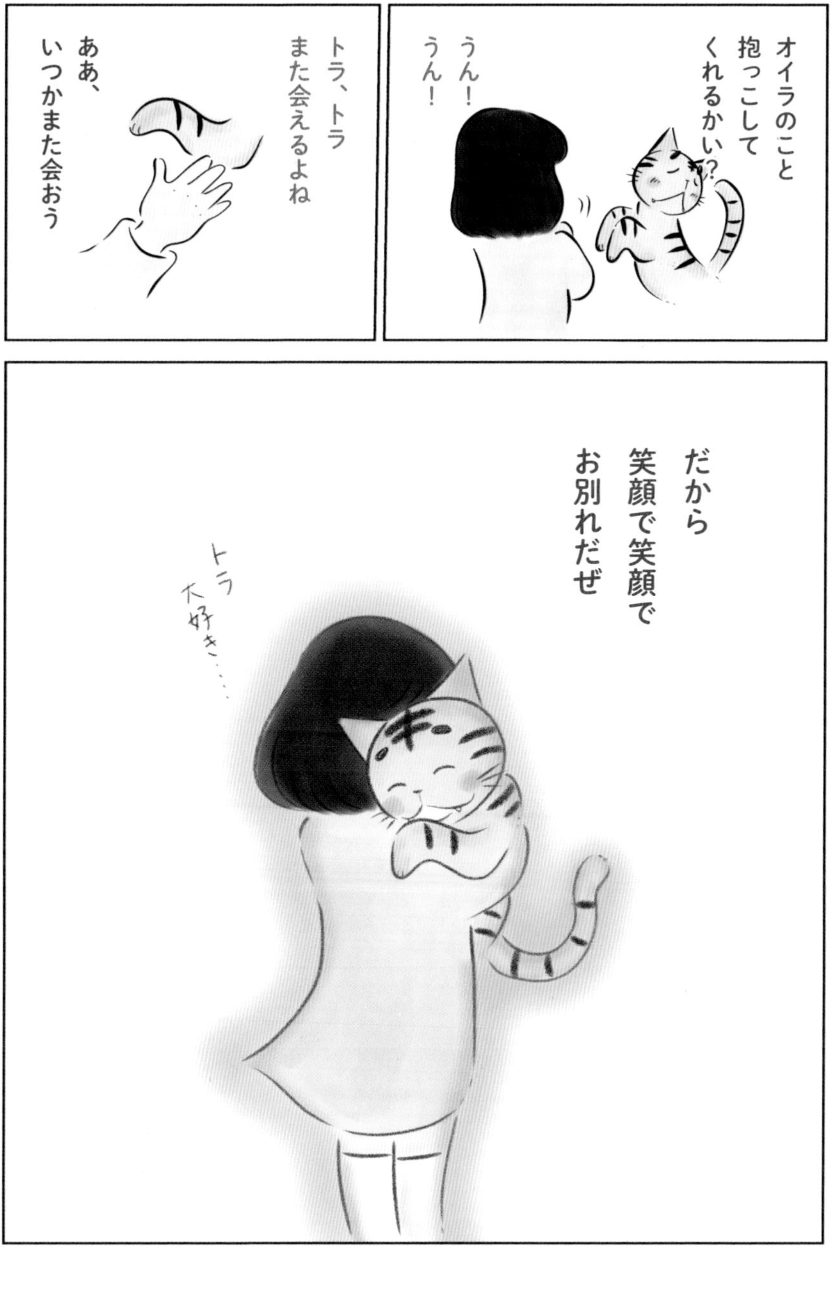
オイラのこと抱っこしてくれるかい?
うん!うん!
トラ、トラ また会えるよね
ああ、いつかまた会おう
だから笑顔で笑顔でお別れだぜ
トラ大好き……

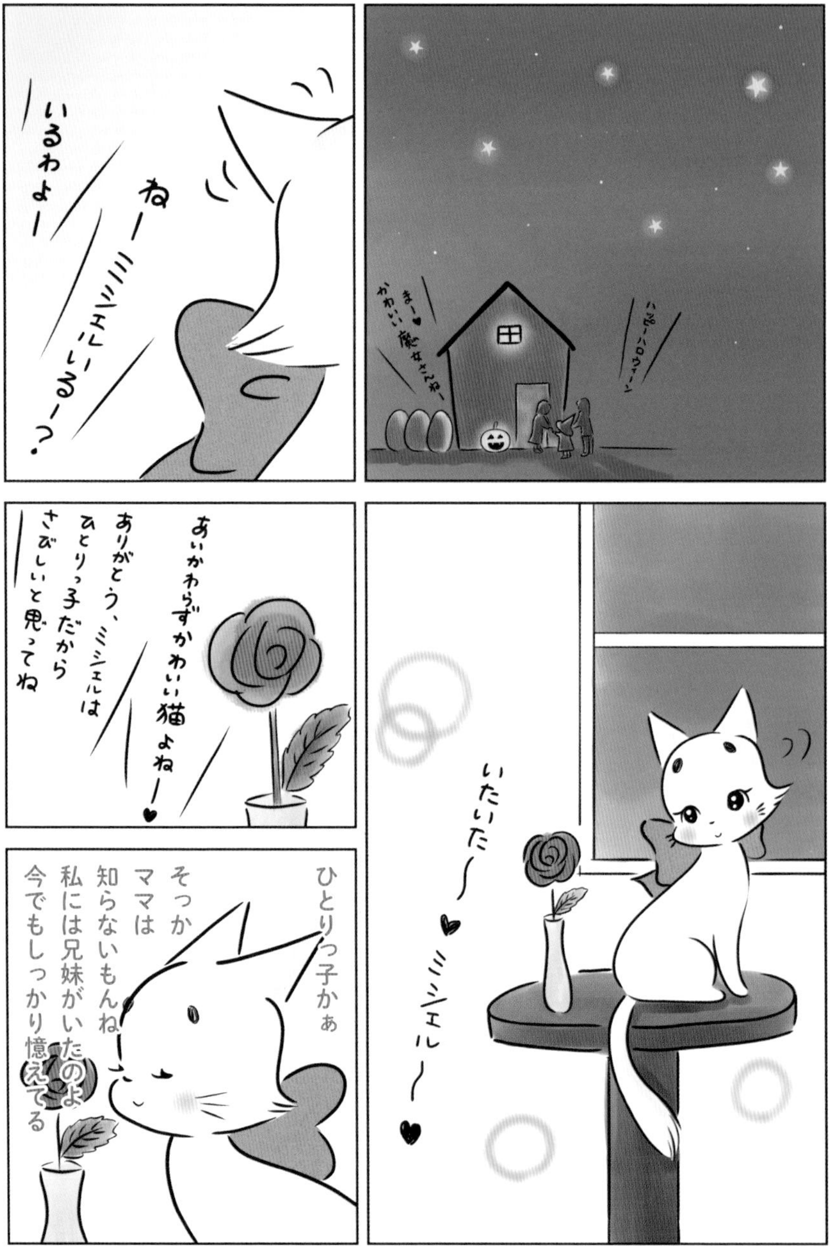
ハッピーハロウィーン
まー♥ かわいい魔女さんね、
ねーミシェルいるーっ?
いるわよー
いたいた～♥
ミシェル～♥
あいかわらずかわいい猫よねー♥
ありがとう、ミシェルはひとりっ子だからさびしいと思ってね
ひとりっ子かぁ
そっか
ママは
知らないもんね
私には兄妹がいたのよ
今でもしっかり憶えてる

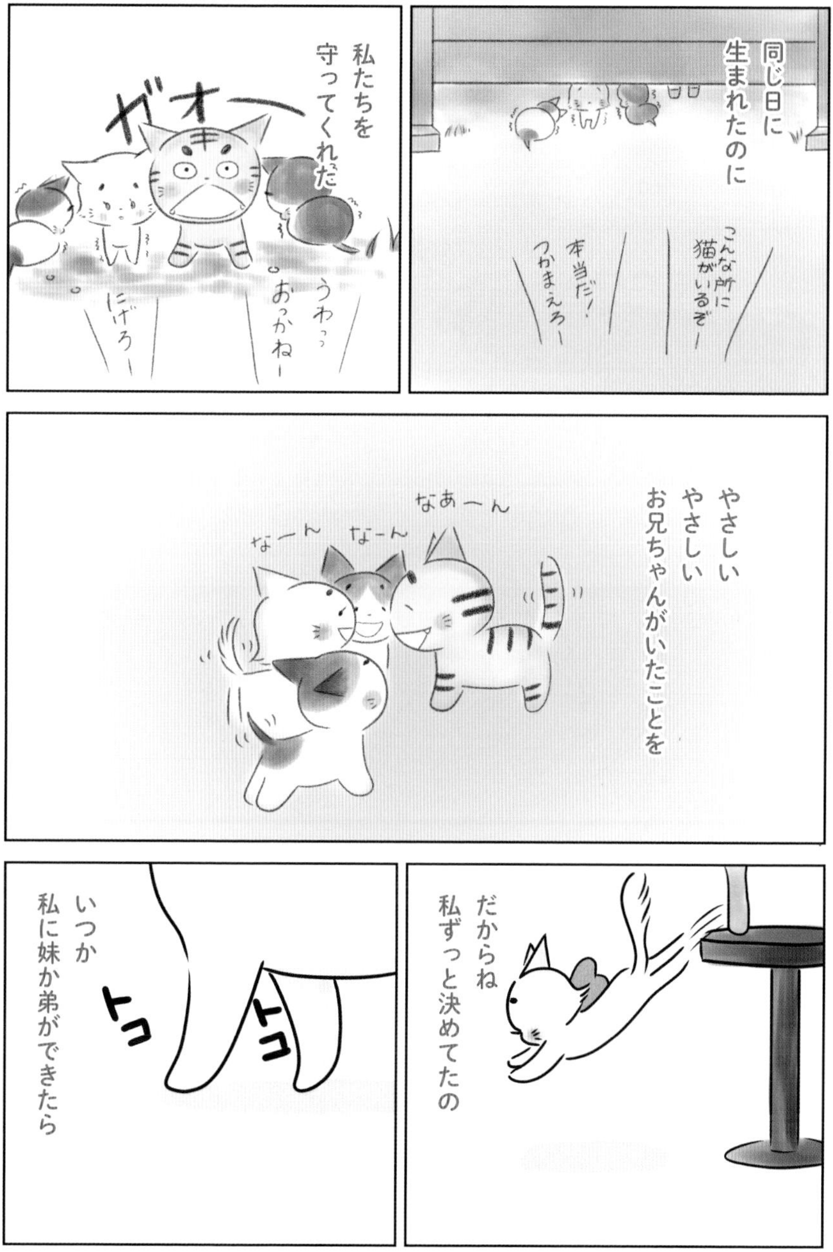

同じ日に
生まれたのに
こんな所に猫がいるぞー！
本当だ！つかまえろー
私たちを
守ってくれた
ガオー
うわっっ
おっかねー
にげろー
やさしい
やさしい
お兄ちゃんがいたことを
なあーん
なーん
なーん
だからね
私ずっと決めてたの
いつか
私に妹か弟ができたら
トコ
トコ

お兄ちゃんのように
やさしくやさしく
しようって
な〜ん♥
家族をふやしたのよ〜
ま〜♥

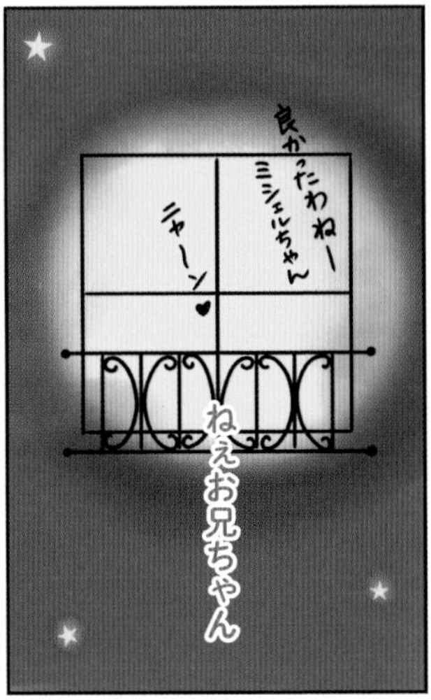
良かったわねー
ミシェルちゃん
ニャーン♥
ねえお兄ちゃん

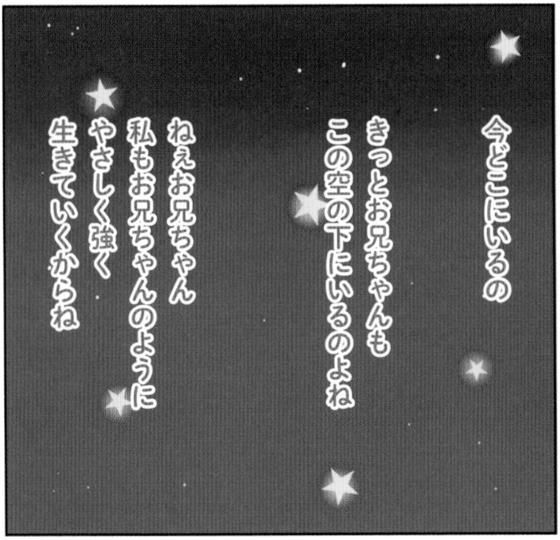
今どこにいるの
きっとお兄ちゃんも
この空の下にいるのよね
ねえお兄ちゃん
私もお兄ちゃんのように
やさしく強く
生きていくからね

時は過ぎ…
ゴロ ゴロ ゴロ
この世というものが
どんなに広かろうが
キャー
おばーちゃんの言う通り
傘もってけばよかったー
パシャパシャ
誰しもが
そんな事無理だと
言おうが
顔も
変わっちまった
オイラだけど
オイラには
わかる

おまえを見つける自信だけはあったのさ
おばーちゃーん ケガしてる猫見つけたの ほっとけなくて つれて帰ってきちゃったー
まーったく あんたらしいことー とにかく体ふきなさい カゼひくよー
あっこら! どこ行くの?
ピョーン
どんなに遠くても どんなに果てしない旅だとしても
スタタタタ
おまえが気付いてくれなくても
オイラはおまえを見つける自信だけはあったのさ
ガオー

大好きな
大好きな
おまえ

やっと
やっと
おまえに
会えた
時間は
かかっちまったけど
おまえに会えたぜ
あらあら
こんなに汚れて
久しぶりに
会ったおまえは
この
あったかい手も
ガオー
そう
かわいそうに
ケガもしてるじゃ
ないの
やさしい
声も
え〜?!
何でもう
おばーちゃんに
なついてるの〜?!
すりすり
人なつっこい
子だねえ
何ひとつ
変わってないな
こっちはいーから
早く着がえて
きなさい
は〜い
バタ
バタ

ガオー
オイラは
オイラはまったく別の猫になっちまったけどな笑
ガオーガオー
あはは
どこかで聞いたことがある
おもしろいなき方だねぇ
そう…どこかで
トラー
トラー
トラー
あはは〜
トラかわいいよ♡
トーラ
ガオー

ガオーー
ポロポロ
?!
オイラ
おまえを
泣かしち
まったのか?
オイラ
昔から
おまえの
涙に弱いんだ
オロ
オロ
トラ
トラ
なんでしょ?
オイラ…
ピタッ

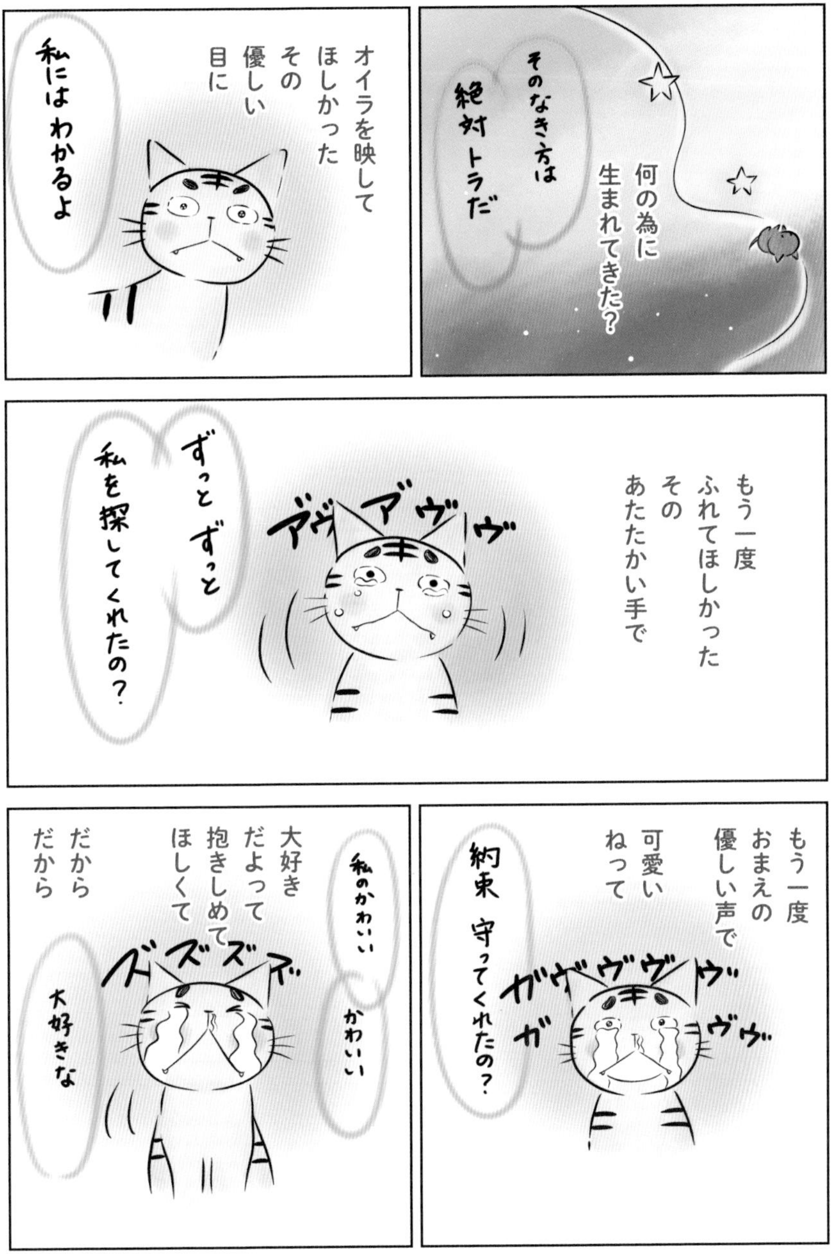
何の為に生まれてきた？
そのなき方は絶対トラだ
オイラを映してほしかったその優しい目に
私にはわかるよ
もう一度ふれてほしかったそのあたたかい手で
アヴアヴヴ
ずっと ずっと
私を探してくれたの？
もう一度おまえの優しい声で可愛いねって
ガヴヴヴヴ
ガ ヴヴ
約束 守ってくれたの？
大好きだよって抱きしめてほしくて
だから
だから
ズズズズ
私のかわいい
かわいい
大好きな

オイラ
オイラ
生まれてきたんだよ――
ガオー
ガオー
アヴヴ
ぎゅっ
トラ

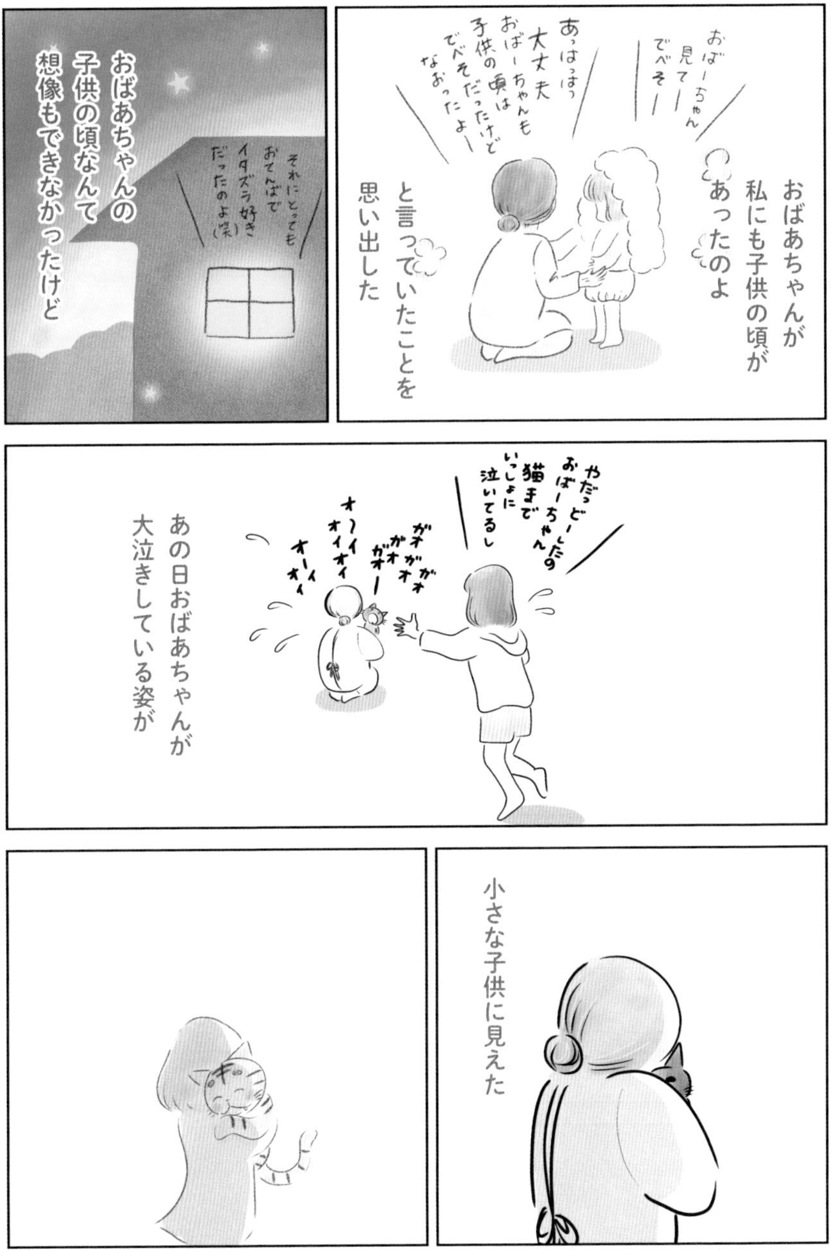
おばあちゃんが私にも子供の頃があったのよ
おばーちゃん見てーでべそー
あっはっはっ大丈夫 おばーちゃんも子供の頃はでべそだったけどなおったよー
と言っていたことを思い出した
おばあちゃんの子供の頃なんて想像もできなかったけど
それにとってもおてんばでイタズラ好きだったのよ(笑)
やだっどーしたの おばーちゃん 猫までいっしょに泣いてるし
ガオガオガオガオー
オ〜イオイオイ
オーイオイ
あの日おばあちゃんが大泣きしている姿が
小さな子供に見えた

おばーちゃん
学校行ってくるねー
ひとしきり
泣いて
猫を大切そうに抱いた
おばあちゃんが
こっそり
教えてくれた
トラとのお話
きっと皆は
信じられないって
思うかもしれないけど
大丈夫だよ
雨ふるから
カサ持っていきなさい
ガオガオ〜
私には
わかるんだ
目に見えない
不思議な絆が
あるんだって
そして
どんなちいさな命にも
生まれてきた
大切な意味があって
パッ
よっ♪

誰かの
かけがえのない
みかん

大切な命だってことを
さびしかったね
もう大丈夫よ
ずっといっしょだよ
ガオ、
みかん
おわり

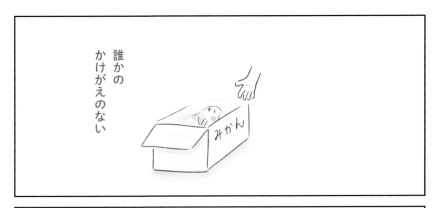

君と鼻ちゅ〜

1

2

3

4

戸惑い

わび助何で走ってくるの〜♡
うれしいの〜〜？
抑えきれない愛しいこの気持ちをわび助に思う存分ぶつけたら
ママもうれしいな♡
本当にかわいいなあ〜♡

……。
……。
とてもわかりやすくドン引きしてました
サッ

相変わらず

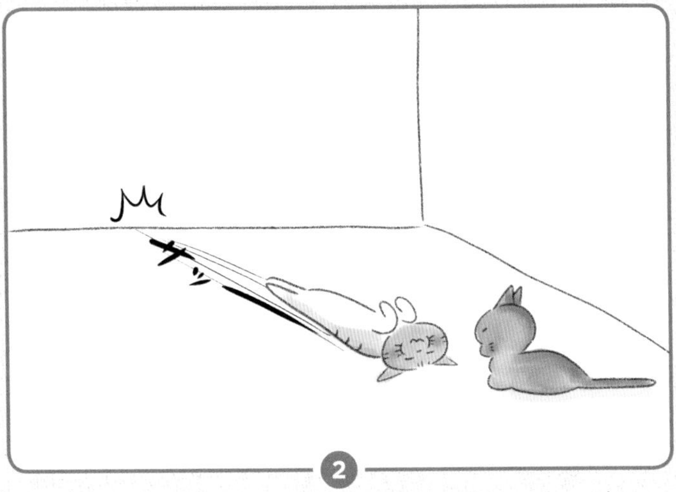

3

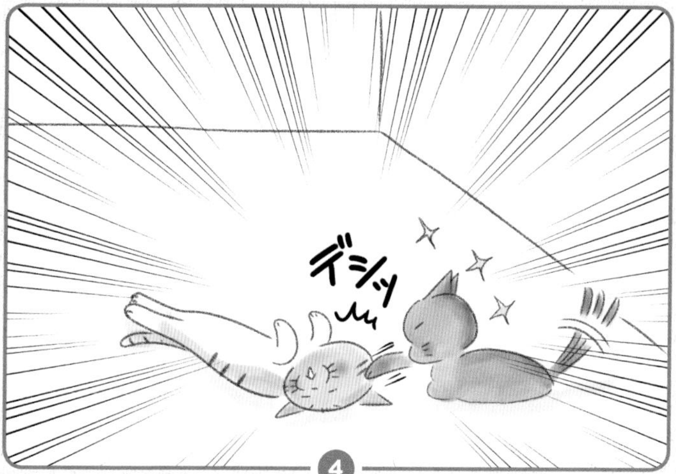

4

不思議な事

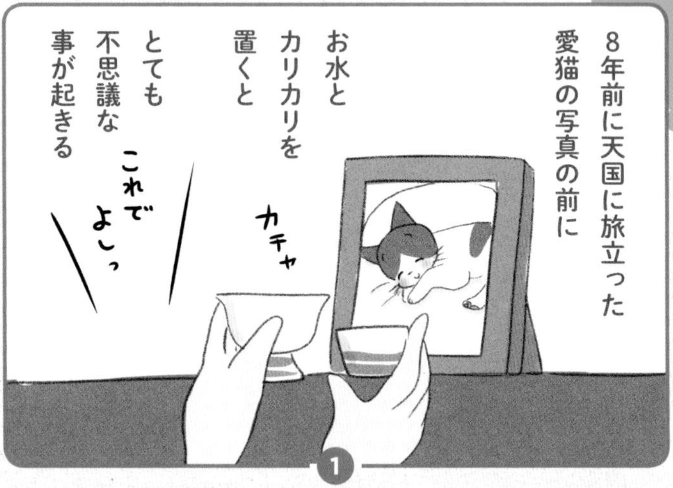
8年前に天国に旅立った
愛猫の写真の前に
お水と
カリカリを
置くと
とても
不思議な
事が起きる
カチャ
これでよしっ

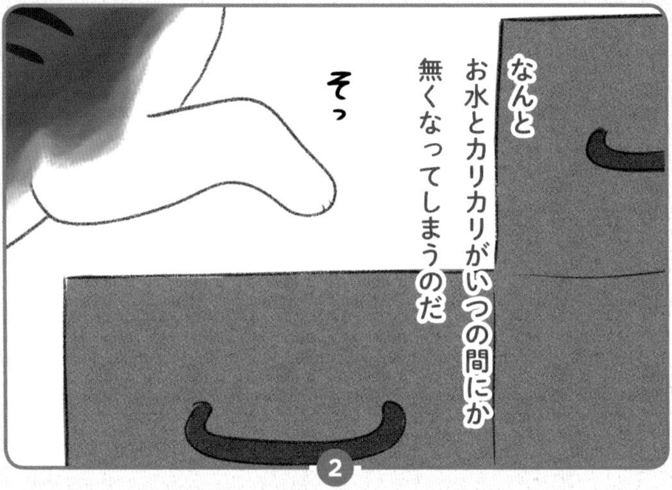
なんと
お水とカリカリがいつの間にか
無くなってしまうのだ
そっ

いったい
どういう事なんだろうか
本当に不思議だ
トコトコ
3

ってコラッ♡
カリカリ♡
4

野良猫いっぱい君

2012年ずっと可愛がっていた愛猫のミユが
天国に逝ってしまった
悲しさと後悔だらけで
もうこの先、
動物を飼うことはできないと思っていたが

今、
駒ちゃん
わび助
ベーちゃんと暮らしている

またこうやって猫との暮らしができているのは
汚れた首輪をして野良生活をしている
一匹の猫との出会いがあったからだ

野良猫は色んな人に可愛がられ
色んな名前をいっぱいもっていた

私はその猫を「いっぱい君」と名付けた

そんないっぱい君と
過ごした2年間の日記のようなお話です

出会い

家族で買物から帰ってくると
汚れた首輪をした見たこともない
一匹の猫が佇んでいた

じっとこちらを見ている

とても大きい身体に似合わず
かすれたとても小さな小さな声で
鳴いていた

なぜか私たち家族は
首輪をしているけれど
捨てられた猫なんじゃないかとわかった

天国へ逝ってしまった愛猫ミユの
カリカリ（キャットフード）も
そのまま残っている

自然の流れで家に入れて
ご飯をあげることになった

正直、私はミユが居なくなって
すぐほかの猫を
家に入れる気分になれなかった

匠

玄関を開け、
弱々しく心細そうなその猫を
入るように促した

はじめての家に遠慮するかのように
リビングに続く階段を
たどたどしい足取りで上るのだ

階段は慣れてないようだった
一段一段ゆっくりと上る姿は
なんだか可哀想な印象に映ったのだ

これがいっぱい君との出会いだった

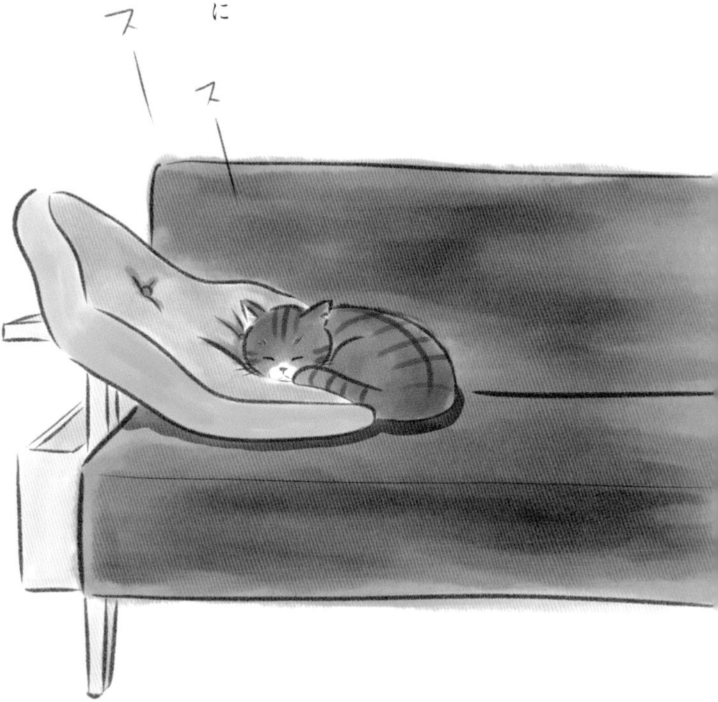

突然現れたいっぱい君を
気にかけている人は我が家だけではなかった

近所の動物好きの若い夫婦は
いっぱい君のために家を作ってあげていた
雨にも強そうな素材で正方形のスタイリッシュなお家だ
中にはちゃんと毛布も敷いていた
あまりにもすばらしいので
その若い夫婦を我が家では「匠」と呼んだ

いっぱい君はというとほかにも行くあてがあるようで
匠が建てた立派なお家に毎日入るわけでもなかった

「やっぱり飼い猫？」そうも思ったが
そのうち我が家に遊びに来る日が増えると
どうみても野良猫にしか思えなかった

古い汚れた首輪もそんな事を思わせた

おしゃべりな猫

いっぱい君は我が家に毎日のように遊びに来ていた
気分が乗れば泊まっていく日もあった
そしてとてもおしゃべりになっていた

遊びにくると
相変わらずかすれた声で
話をするかのように鳴くのだ
話しかけるとほぼ100パーセント返事をしてくれた
ものすごい眠い時でも
声をださずに口だけ「ニャー」

この口パクが可愛くて
あえて眠そうな時に話をかけていた笑

話を聞くのも上手だったたいっぱい君
じっと耳を傾けて
目を閉じて聞いてたっけ

強さ

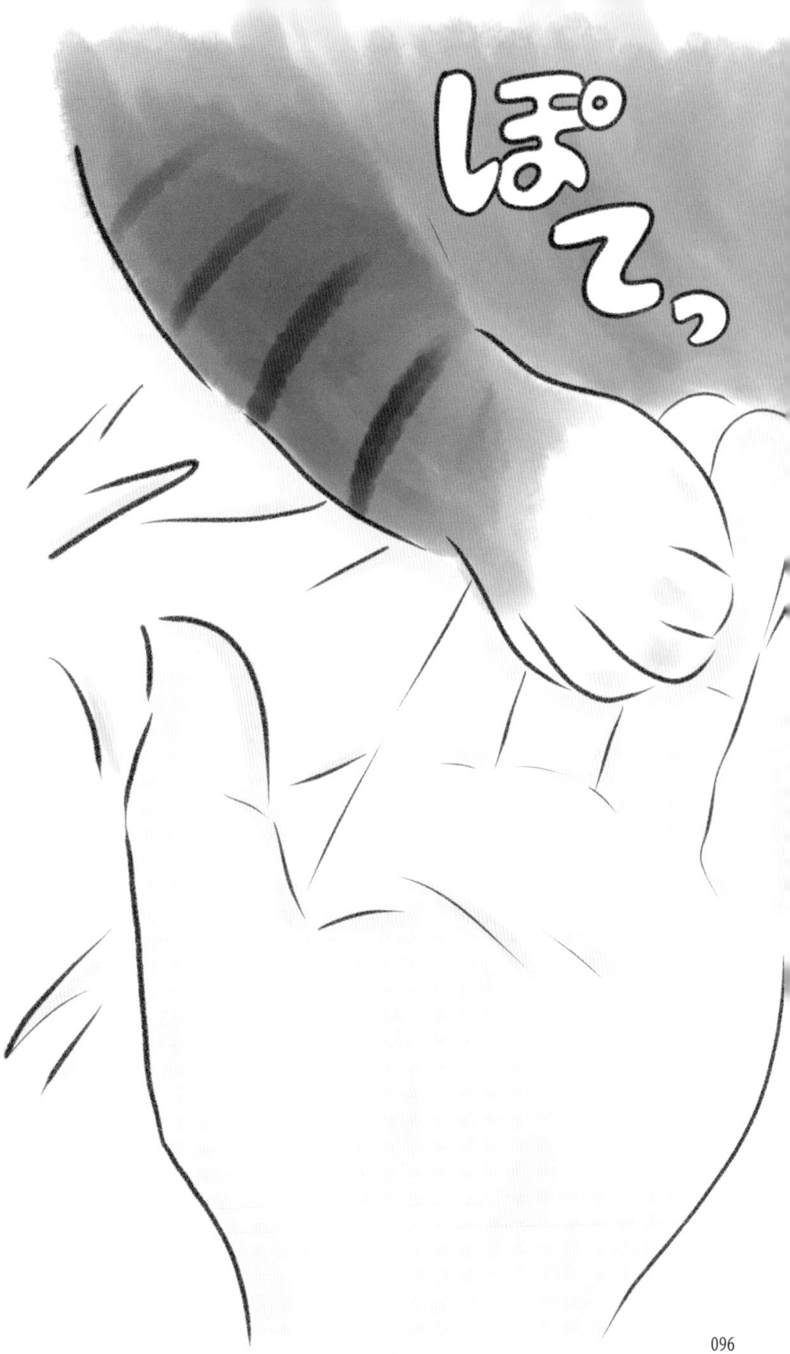

昨日は大変だった
いっぱい君がボロ雑巾のようになって
我が家に来た

雨のせいではない

ほかの猫と喧嘩して
怪我をして泥だらけになって
逃げてきた感じだった

あまりに酷くて
シャワーで綺麗にあげると
いっぱい君は疲れ果て
ぐっすり寝てしまった

そっといっぱい君の
ぽってりした大きな前足を触った

かたい肉球が
強く生きるいっぱい君そのものを
表している気がした

あんなに弱々しく鳴いていた
いっぱい君が
嘘のようにたくましく思えた

いっぱい君は
たっぷり寝たあとは安心したのか
私が部屋を移動するたびに
くっついてきた

私は
「うっとうしいな♪」
と呟いた

猫嫌いのおば様

近所に住むおば様は
もともと猫が好きではなかった
突然現れたいっぱい君を毛嫌いして
いっぱい君を怒鳴っていた

そんなある日
おば様が「猫〜猫〜」と言って
いっぱい君のことを呼んで
いつのまにか仲良くなっていた

何がきっかけなのかわからないが
物怖じしないで
堂々としているいっぱい君の姿に
魅了されたのだろうか 笑

驚いたことに
おば様の家の玄関先に置いてある
カラーボックスの1番下に
ダンボールを置いて
いっぱい君が入れるように
していたのだ

第二の匠だ！ 笑

またしても住む所をゲットした
いっぱい君

満足そうにダンボールに
入っている姿をみた時には
思わず可愛くて吹き出してしまった

でもそのあと……
気まぐれないっぱい君は
一週間以上姿を見せなくなり
第二の匠（おば様）は
ダンボールを撤去して
しまったのでした

そして
第三の匠を狙うのは我が家のパパ！

歴代の家に負けじと
設計図まで書いていたが

結局我が家に来た時は入れるし
昼間はどこかに出かけてしまうので
家を作るのを辞めたのでした 笑

ちょうどいい距離感

わたしが出かけようとすると
いっぱい君も
何か思い立ったように走り出した
慣れた足取りでどこかへ向かう姿が
とてもカッコよかった
2012年初夏
いっぱい君は突然私たちの前に現れた

13年可愛がっていたミユが天国に逝って
1ヵ月のことだった

いっぱい君は飼われていた猫
何らかの理由で野良生活になる

でも野良生活により
広くて自由な世界を
楽しんでいるようにみえる

いっぱい君と
まだ動物を飼う気持ちになれない私

今の距離感がちょうどいい

気まぐれに遊びに来てくれる
それだけで我が家は
猫がいるしあわせを感じていた

いっぱい君用の器

家族で出かけた帰り道
小高い山にタヌキが駆け抜けていった
タヌキがいた〜と言っていたら
近づいて見ると
いっぱい君だった

皆で車の中で大笑いした

「きっと家に来るんじゃない？」
と言った娘の予感はあたり
パパも娘も大喜びだった

とうの本人は
いつもと変わらず
器に盛ったカリカリを食べて
すぐ外へ出て大きな身体で横たわり
ゴロンゴロン

前足を気持ち良さそうに伸ばして
大きなあくびをして

またどこかに
たくましく歩き出していった

いっぱい君気づいてた？
いっぱい君用の
器に替えたんだよ 笑

我が家離れ

いっぱい君が我が家に来るのが
当たり前ではなくなってきていた
たまに来るいっぱい君を見ると嬉しかった

あとをそっと追ってみる

我が家の反対方向にある住宅に続く一本道を
何の迷いもなく走っていく

私の存在に気づいたのか
ピタッと止まり振り向く

私が心配そうに見ている姿を見て
「ニャー」と鳴いて私に向かってきた

頭を私の足に押し付けてゴロゴロと鳴く
「ニャー」と私の顔を見て
また一目散に走り出した

その後ろ姿は
「行ってきます」ではなくて
「また来るね」だった

我が家より落ちつける場所があることは
良いことだ

心配する私たち家族に気を使って
顔を見せに来ている

初めてそんな感じがした

猫だるま

久しぶりに雪が積もった
雪をぎゅっと握り固め
葉っぱの耳を付ける
我ながら可愛い猫の雪だるまができた

いっぱい君がくるような予感が当たり
久しぶりにいっぱい君がやってきた
雪なんてものともしない
勢いよく階段を駆け上がり
すぐカリカリを食べた

そのあとは念入りに毛繕い
時間を計ったら
25分間も隅から隅まで丁寧にしていた 笑

それから忙しそうに
またどこかへ行ってしまった

いっぱい君のたくましさが嬉しくなる

そして
何となく寂しさも覚えた

パンクな雛鳥

今年も我が家にツバメがやってきた
もうそんな季節か、
と思っている間に巣作りが終わり
雛鳥が産まれ元気に鳴き始まった 笑

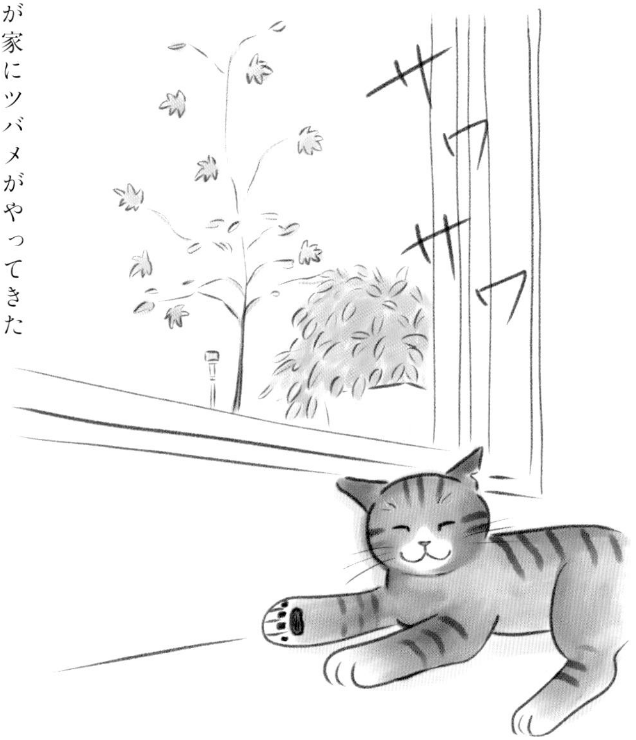

ツバメの赤ちゃんはとってもパンク！
まるでモヒカンのようなうぶ毛があるのだ

確認したら全部で5羽

皆、見事にモヒカンだ 笑

遊びに来たいっぱい君が
雛鳥の騒がしい鳴き声に
「何だ何だ？」と窓から外を覗き込んだ

それから
ピーチクパーチク鳴いている
雛鳥の鳴き声を聞きながら
うたた寝をしていた

優しい風が吹いてきて
いっぱい君はとても気持ち良さそうだった

雲間の星

夜、野良猫いっぱい君を
見送るのが日課だった

歩き出すいっぱい君を
少し追いかけると
必ずいっぱい君は立ち止まり
「ニャー」と言って
いつものように
私の足に頭を寄せてくる

頭から背中を丁寧に撫でると
嬉しそうにゴロゴロと喉を鳴らす

身体を私の靴の上に
どっかりと乗せて座り込む

どこか遠くを見ながら
しっぽをパタンパタンと
優しく地面を叩く

夜風が吹いて
外の空気が大好きないっぱい君は
気持ち良さそうだ

月は隠れているのに
雲の隙間から星が見える

ある程度時間が過ぎると
いっぱい君何か決心したかのように
迷いなく歩き出す

街灯が一つしかない
真っ暗な一本道

途中、必ず一度だけ振り返る
表情は見えないけれど
何となくわかる

私がこの時間が好きなように
いっぱい君も同じなんじゃないかって
夏が近づいてきたあたたかい匂い
紫陽花が咲く季節

この時を境に
いっぱい君とは会えなくなった

旅立ち

ツバメのお父さんとお母さんが交互に
雛鳥に飛び方を教えていた
なかなか勇気がなくて飛べなかった最後の一羽も
日に日に上手に飛べるようになった時は
家族で喜んだ

あっという間にモヒカン頭だった雛鳥たちが
高く高く飛んで
我が家を立派に旅立った

いっぱい君が来なくなって4ヵ月たったある日
会社に住み着いた猫の赤ちゃんの
里親になることを決めた

もう動物と暮らすことはないと思っていたけれど
いっぱい君と過ごすなかで
少しずつ変わっていたのだと思う

仔猫の名前は
「駒」と付けた

この2年間我が家に遊びに来てくれて
たくさんの癒しをもたらしてくれたいっぱい君

いつか
我が家を旅立つ日が来ると思っていた

そしてこの2年間でとってもたくましくなった
いっぱい君

きっと何処かで元気で暮らしていると確信している

確かにあった
いっぱい君と我が家が一緒に過ごした時間

ずっとずっと忘れないからね

追いかけっこ

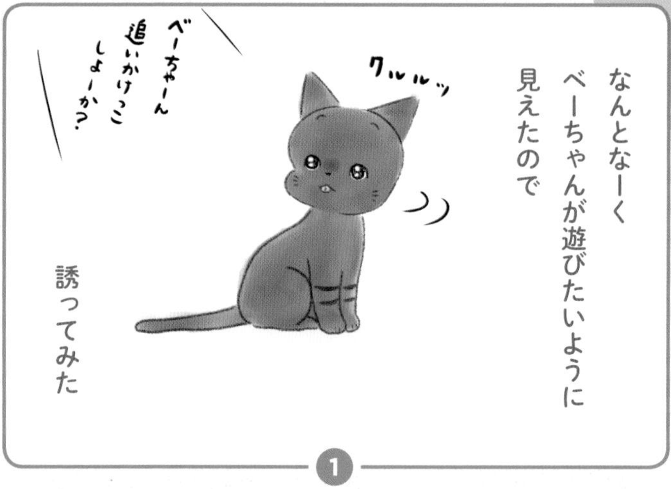
なんとなーく
ベーちゃんが遊びたいように
見えたので
クルルッ
ベーちゃーん
追いかけっこ
しよーか?
誘ってみた

早速テレビの後ろに
駆け込んだので
サッ

先回りをして
驚かそうと思っていたが
3

いつまでたっても
べーちゃんはこない
4

謎の行動

私がクッションに座って
くつろいでいたら
ニイヤーン
ニイヤーン
ベーちゃんが一生懸命
隣の部屋に来て――となくので
1

いつものように
二人きりになって
甘えたいん
だろうと
今行くよー
はいはい
隣の
寒い部屋に
行ったら
テッ
テッ
テッ
2

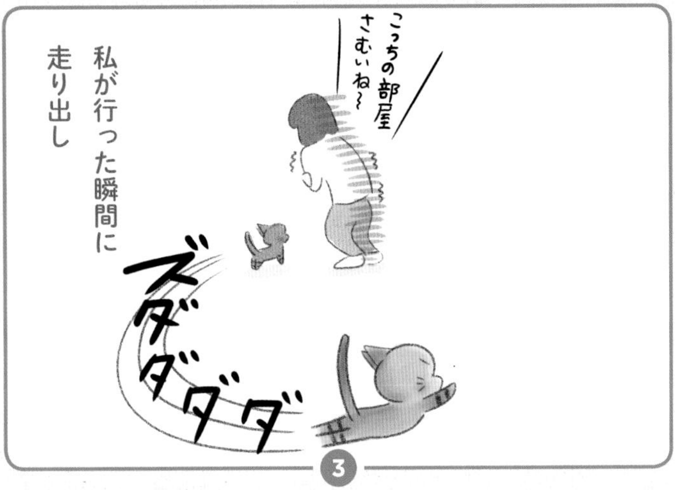
こっちの部屋
さむいね～
私が行った瞬間に
走り出し
ズダダダダ

様子を
見に行ったら
温かい部屋に戻り
私のクッションで
くつろいでいました
ほっこり♡
何でママ
呼ばれたの
かしら……。

猫の気持ちはわからない

とても
心配になったが
スッ
私の心配とは
裏腹に
やっぱり
食べたくないの？
3

駒ちゃん
食べる気
満々!!
あん
あしん
ふみ
ふみ
もしかして
動きたくなかった
だけ……？
もっと
食べたい
トコ
トコ
スタタタ
4

変なテンション

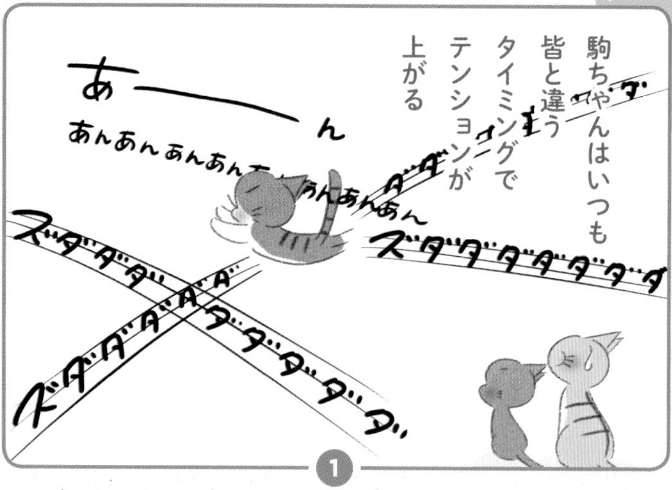
駒ちゃんはいつも皆と違うタイミングでテンションが上がる
あーーーん

そんな姿を見ているとドキドキハラハラする
なぜなら、絶対に…

ぐらーん
ん!!
どふっ
こうなるから
駒ちゃん!!

そして
テンション
あ… あーん….
急降下!

我が家の猫がいる暮らし

猫がいる
暮らしは
色んな形
が　ある

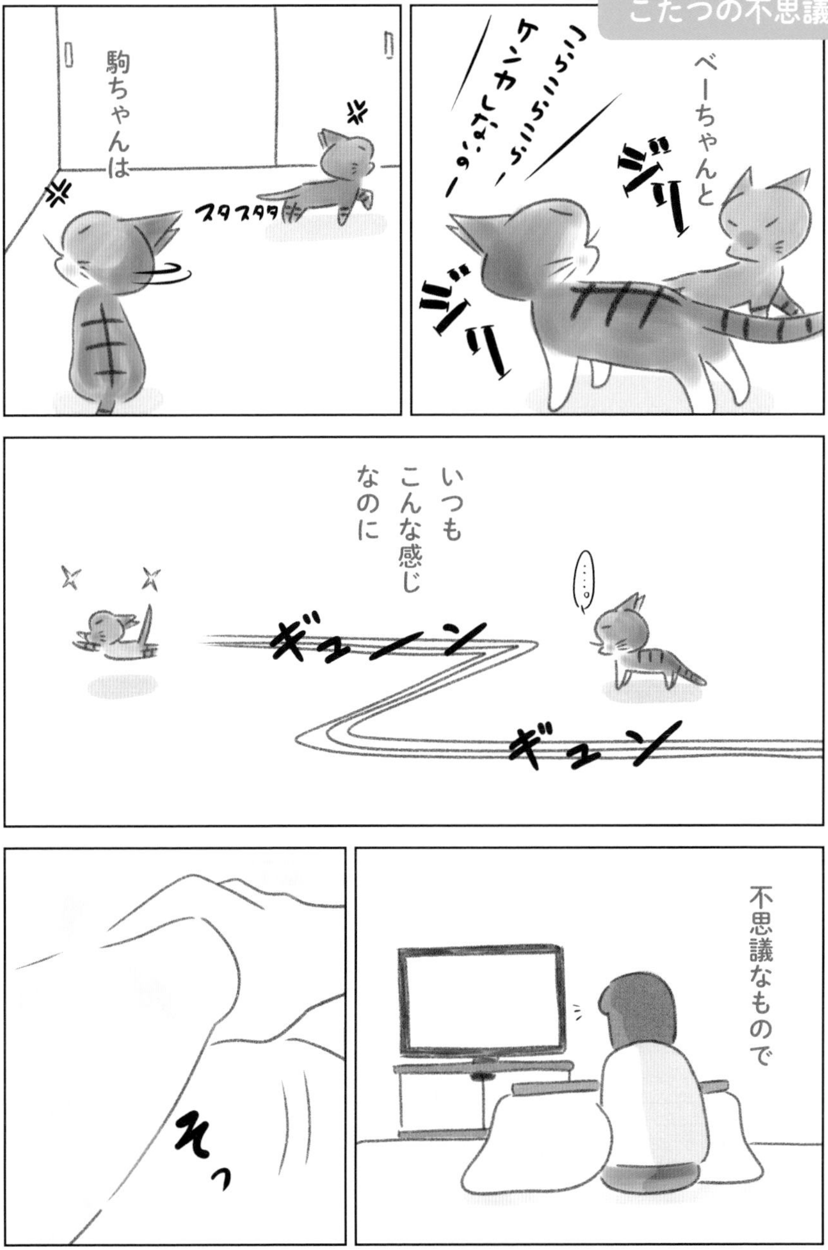
べーちゃんと
ジリ
ジリ
ケンカしないの
駒ちゃんは
スタスタタ
いつもこんな感じなのに
……。
ギューン
ギュン
不思議なもので
そっ

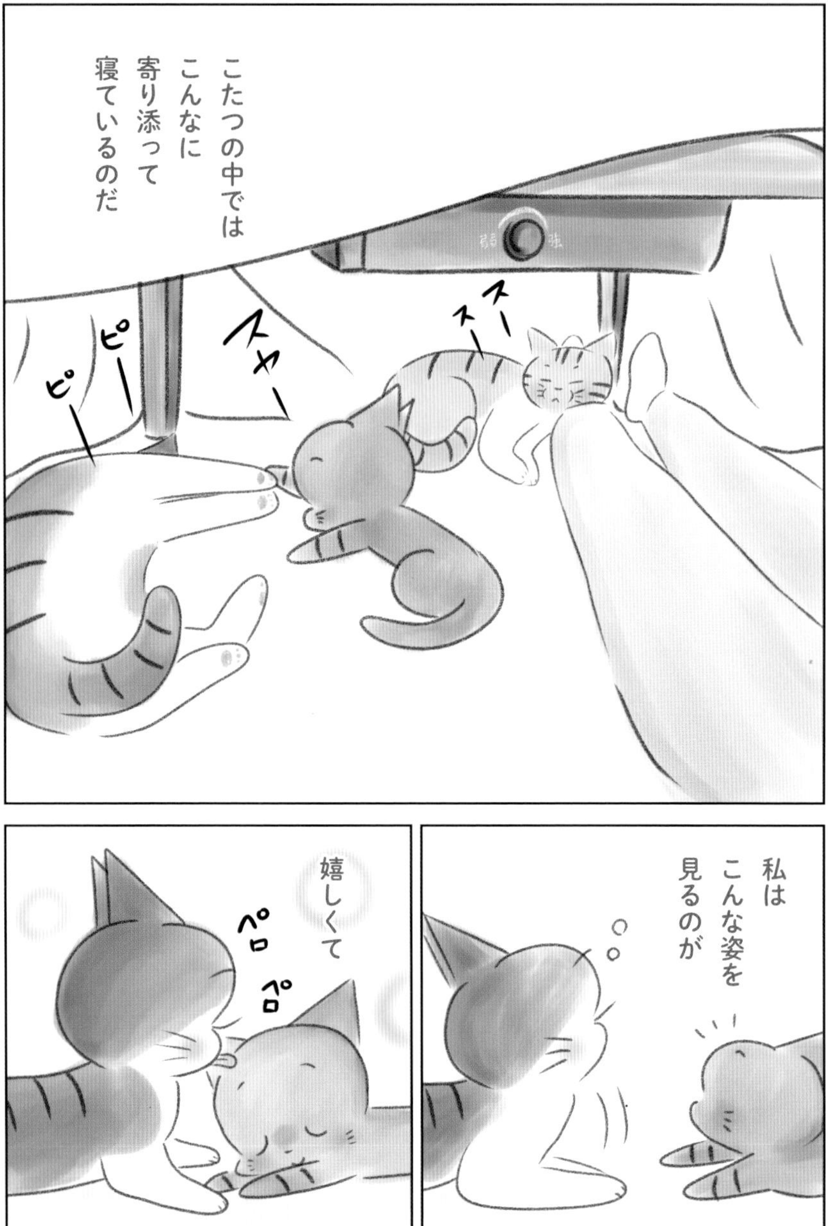
こたつの中では
こんなに
寄り添って
寝ているのだ
弱
強
スー
スー
スャー
ピー
ピー
私は
こんな姿を
見るのが
嬉しくて
ペロ
ペロ

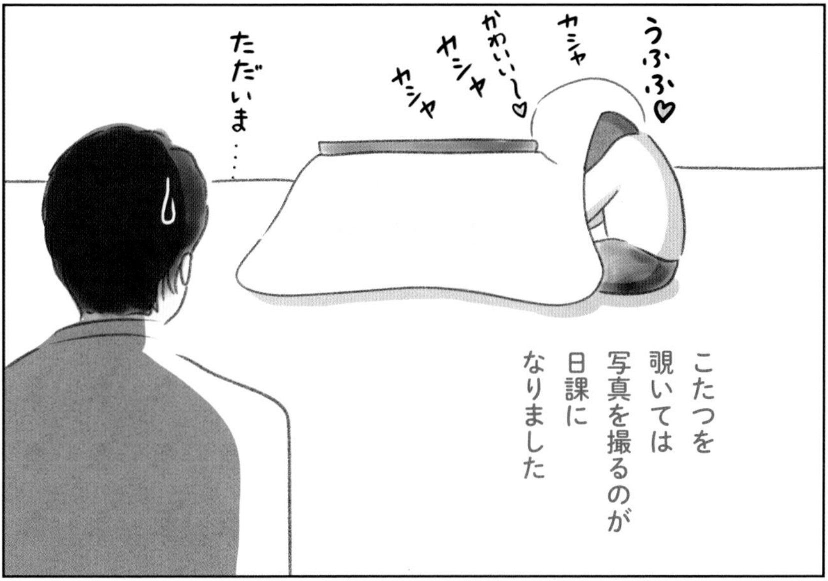
うふふ♡
カシャ
かわいい～♡
カシャ
カシャ
ただいま……
こたつを覗いては写真を撮るのが日課になりました

コタツの中はぬっくぬくですョ～
南国ですョ～♪

チームワーク

カチャ
カチャ
カチャ
なるほど
ド
ー
ン
おやつはあの中だ！
でも
どうやって
取り出すか…
コトン
ムー
むずかしい顔しちゃって

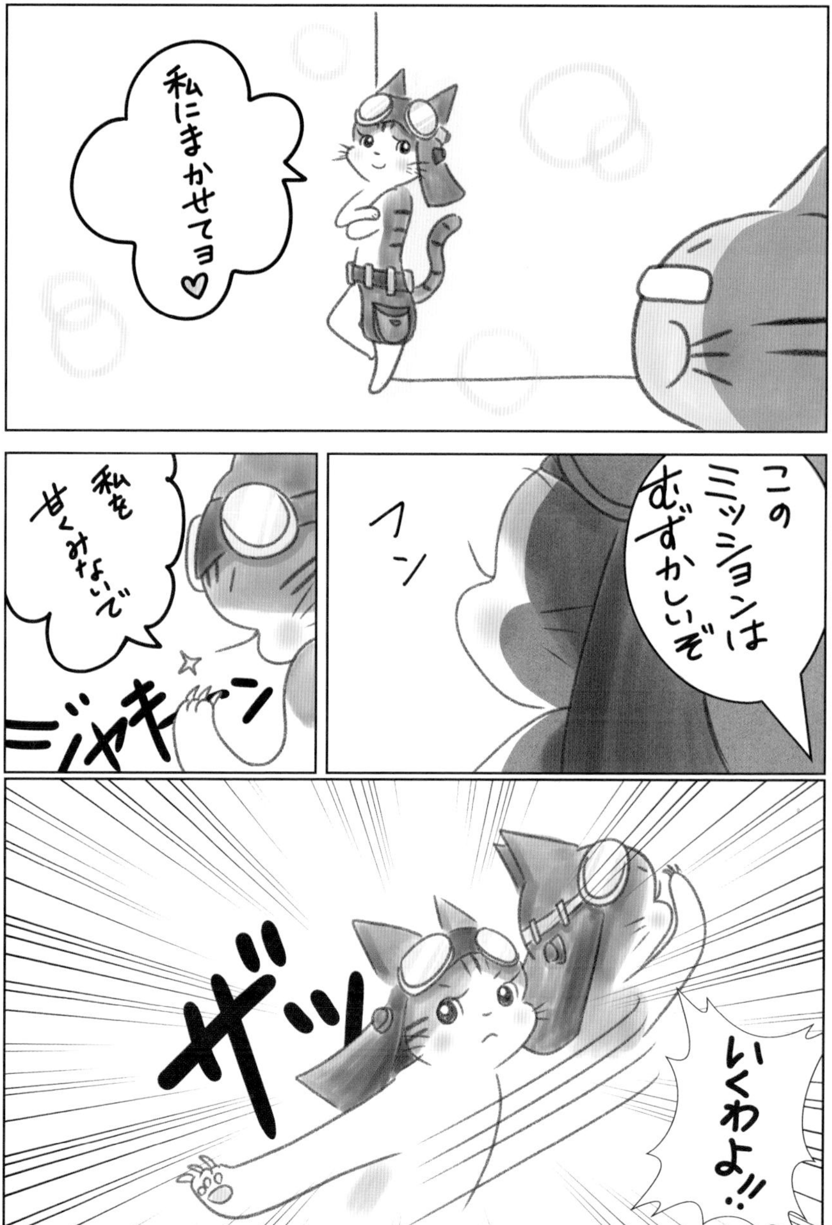
私にまかせてヨ♡
このミッションはむずかしいぞ
フン
私を甘くみないで
ジャキーン
いくわよ!!
ザッ

え～い♡
ちょい ちょい
見っけ♡
おやつ
カチャ
次はベーちゃんの番ですー!!
ザッ

こわい こわい
え？ 何なになに？
・・・・。
おやつ もってる
ズンズンズンズンズ
あのね ママ♡
これ 食べていいですか？
パカッ
キュルルルルル
おやつ
ドキューン
ミッション完了
Mission complete.
好きなだけ食べて〜♡
も〜♡ かわいすぎでしょー
よしっ
♪

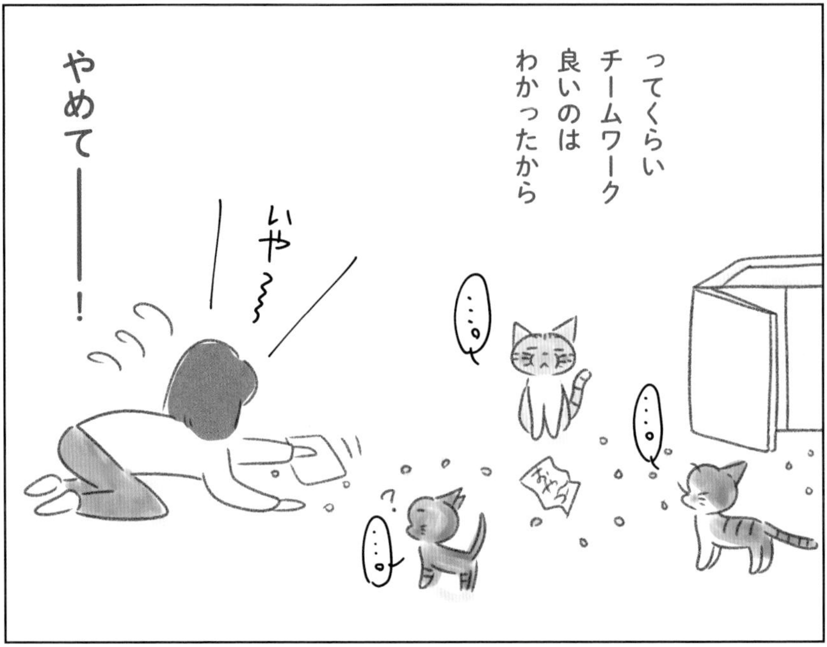
ってくらい
チームワーク
良いのは
わかったから
いや〜〜
やめて――――!
おやつ

Wabisuke.
観察力が鋭く頭脳派
どこにおやつを隠されたか
一瞬にして見つける
Koma.
おやつを隠しても、とても器用な手で
引き戸、小引き出し、そして流し台の
戸までも開けてしまう
Bēchan.
おやつの音を聞き分け
どこにいてもすっ飛んでくる
可愛い鳴き声と上目遣いで
相手をメロメロにする

家族の会話

ただいまー
お土産だよー
スン スン
皆元気だった？
久しぶりなのに
そんな感じしないね♡
お土産の
猫のかぶりもの
…
なになに…
これをかぶると
「クマ」になる…
おやつも
あるヨ♪
ガサ
ガサ
オー
わび助の
大好きなニボシ
こっちは
駒好きそうだなー
どれどれ
べーちゃん
おいでー
これおかしいー
クマじゃなくて
タヌキになったー

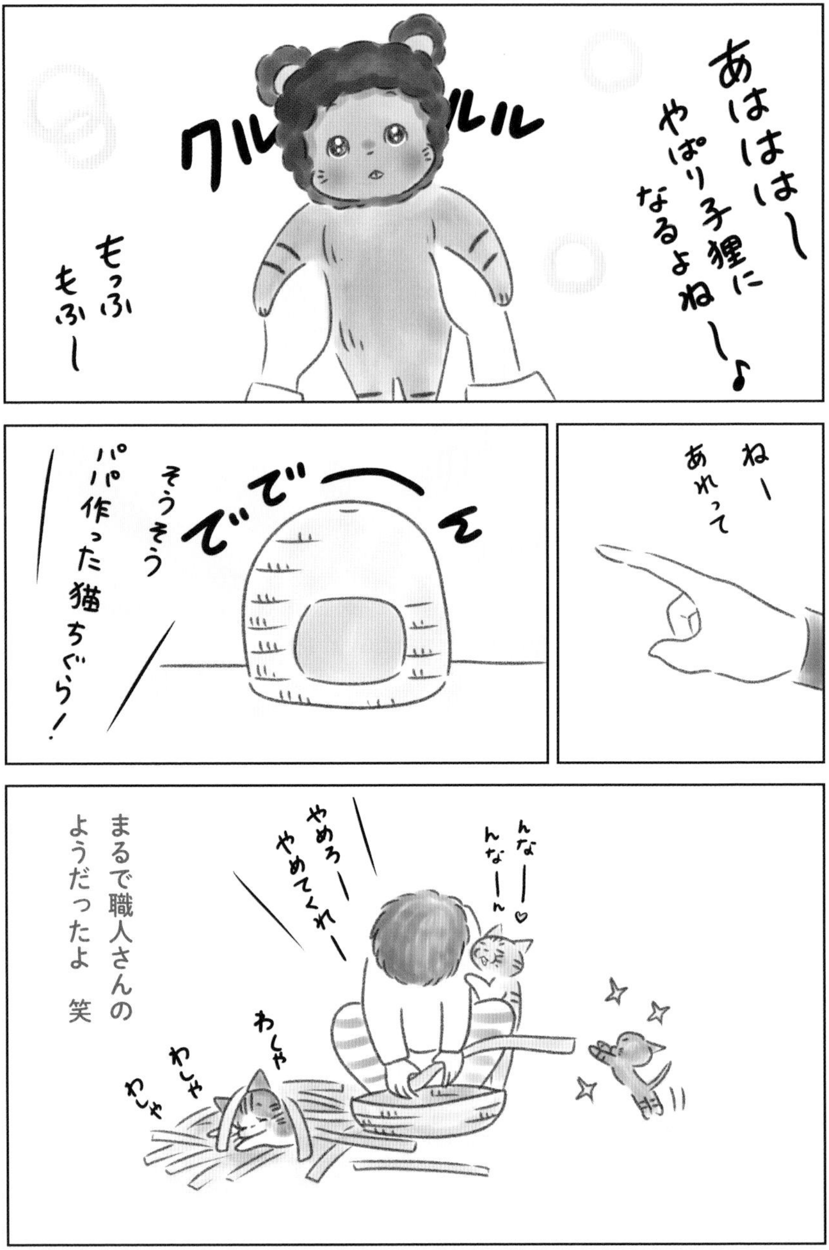
あははは〜
やぱり子狸に
なるよね〜♪
クル
ルル
もっふ
もふ〜
ねー
あれって
ででーん
そうそう
パパ作った猫ちぐら！
まるで職人さんの
ようだったよ　笑
やめろー
やめてくれー
んなーー♡
んなーーん
わしゃ
わしゃ
わしゃ

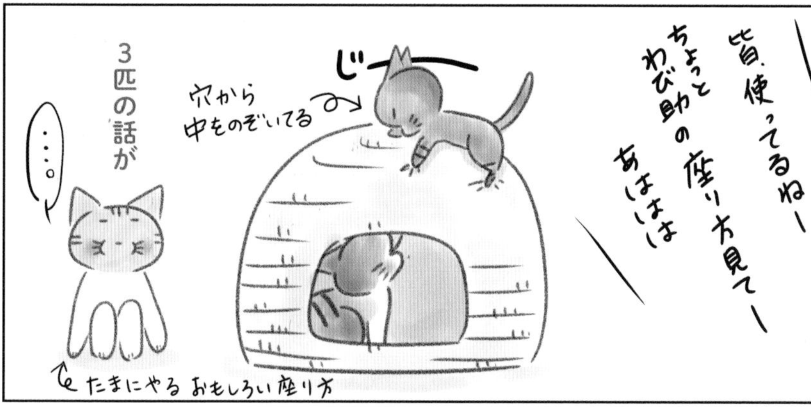
皆、使ってるねー
ちょっとわび助の座り方見てー
あははは
じー
穴から中をのぞいてる
3匹の話が
…。
たまにやる おもしろい座り方

どれ おやつ食べるかー
ガヤガヤガヤ
尽きないのであった
スタタタタ
ギュン
しゃな〜り
しゃな〜り

何で大根…？
駒ちゃん
ベーちゃん
わび助

猫がいる暮らしは
とにかく早い！
どこかで
まだニワトリが
気持ち良さそうに
寝ていると
言うのに
Z Z Z
ホリ ホリ ホリ
んー〜 あん〜〜
私の布団を
必死に掘って
ニイヤーン
（あっそぼー〜♪）
おっおはよー
可愛い顔して
遊ぼうと誘ってくるのだ

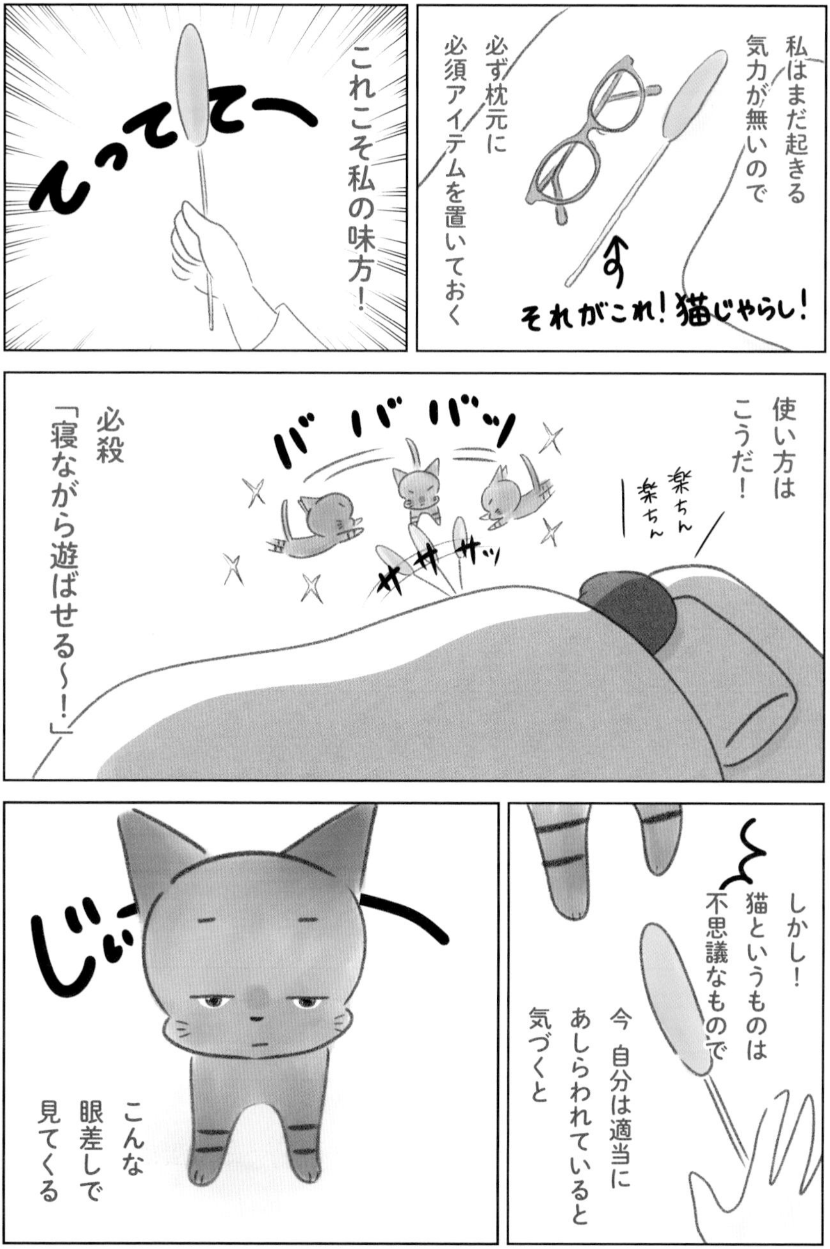
私はまだ起きる気力が無いので
必ず枕元に必須アイテムを置いておく
す
それがこれ！猫じゃらし！
これこそ私の味方！
てってて〜
使い方はこうだ！
楽ちん楽ちん
バババッ
サササッ
必殺「寝ながら遊ばせる〜！」
しかし！猫というものは不思議なもので
今 自分は適当にあしらわれていると気づくと
じぃ
こんな眼差しで見てくる

そうこうしていると
救世主駒ちゃんが起きてきて
トコ
トコ
あそぼ〜!!
朝から〜?! イヤ〜〜
ズダダダ
べーちゃんの恰好の標的に…
いやいやもとい!
遊び相手になってくれるのであった
今、起きてきた
ごめん駒ちゃんあとよろしく…
zzz…
我が家に限らず猫がいる暮らしの朝は早いはず
猫に起こされこんな時間を過ごしている人達がきっと世界中にいると思うとちょっと笑ってしまう
同士よ頑張ろう! 笑
そして私はまた夢の中へ〜
コケコッコー

朝一番は私が鳴くものなのよ!
フン
どこからきたんだ…
はじめて見たわ♡
ハァー
すみません

猫は気まぐれ

猫というのは
とても可愛いが
も〜かわいいなあ〜
冷蔵庫
なで
なで
バシッ
痛っ
気分屋だ
すっ
すんませんっ
そして
私の気持ちとは
うらはらに
皆〜
ママ出かけて
くるよー

無
しーーーん
・・・・。
少しは名ごりおしんでちょーだいっっ
とても冷めている
私は出かけていても
何にしようかしら…
398円
580円
心の中ではこんな感じなのにね
はやく帰るからね
ボー
トコ
トコ
トコ
ただいま〜おやつ買ってきたよ〜♡
とてもわかりやすい

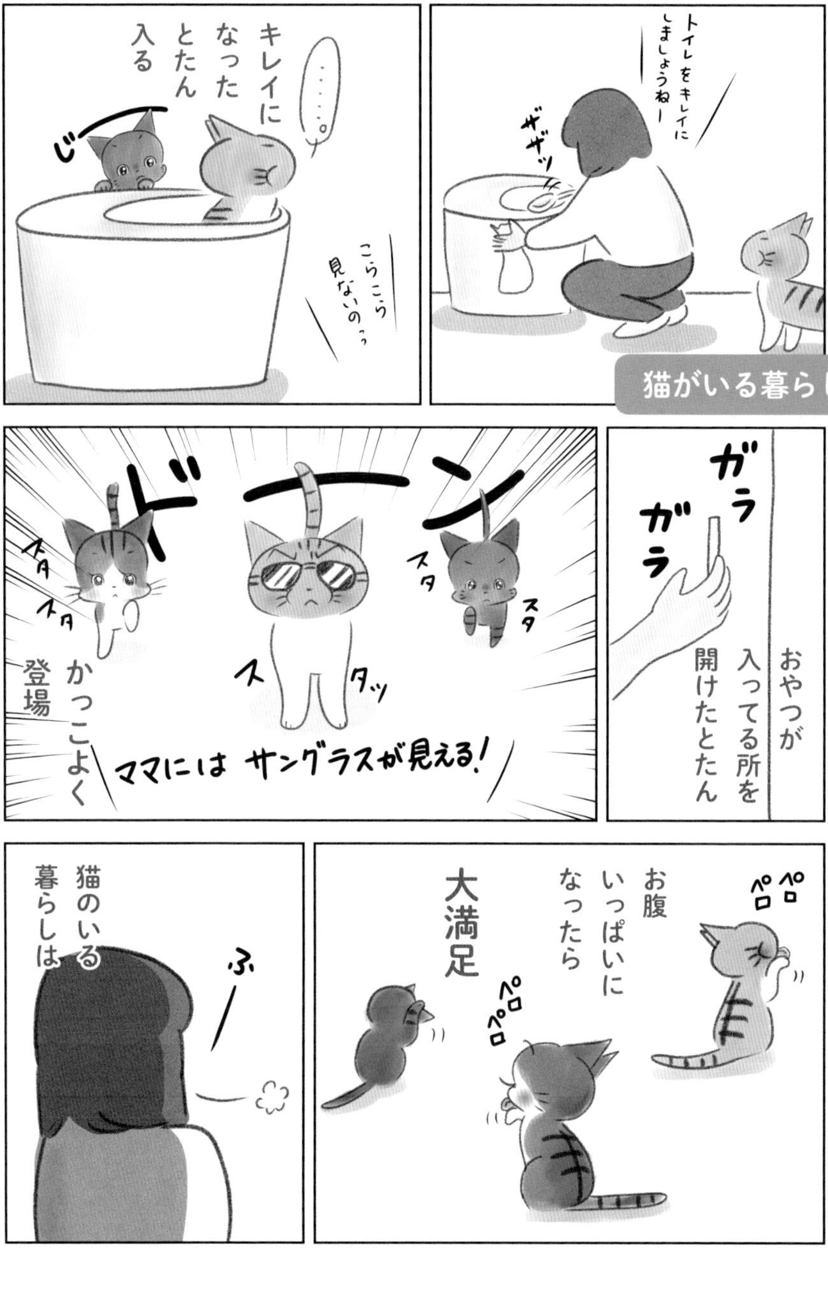
トイレをキレイにしましょうねー
ザザッ
キレイになったとたん入る
……。
じー
こらこら見ないのっっ
おやつが入ってる所を開けたとたん
ガラ
ガラ
ドーン
スタ
スタ
スタ
スタ
スタッ
かっこよく登場
ママにはサングラスが見える!
お腹いっぱいになったら大満足
ペロペロ
ペロペロ
猫のいる暮らしは
ふー

この感じは…
子育てに似ている
思い通りにいかなくて
うわ あぶないっっ
キャッハ〜♪
ビュン
予想外の行動ばかりで
キャ〜♡
ダダダダ
おフロ あがり
こらっっ ちゃんと服をきなさい
謎が多くて
ママー あのね 今日ね デボシたべたのー おいしかったー♡
デボシって何?!
面白い
そしてとてつもなくかわいい
ママのこと 48cmくらい だあーいすき♡
48cmも?笑 ありがとう♡

まん丸だねー
なでられるための形だねぇ♪
そんな事を思い出しながらなでていると
ビクッ
じろっ
また叩かれそうに…
と
思いきや
甘えられて
ツンデレちゃんめ
スリ
スリ
クルルル
ますます愛しくなる
ママ
駒がずっとまってるョ
……。
えっ
本当はかまってほしいけど気にしてないフリをしている。
駒ちゃん
追いかけっこする。

私は今
子育ての
真っ最中なのかも
しれませーーん 笑
まてまて〜♪
スタタタタ
ビューーン
カキ
カキ

『デボシ』のお話

デボシとはいったい…？

謎を解くべくスーパーへ
デボシと思われる物はことごとく
違う、と言われ謎のままに。

時は過ぎ二十歳になった娘に
当時の事を聞いて見ると

「多分ニボシじゃない？」

………予想通りだった笑

デボシッ

[著者]
駒猫（こまねこ）

福島県在住。♀駒♂わび助♀ベロア（べーちゃん）３匹の保護猫と暮らす日常をマンガで綴る人気インスタグラマー。
[Instagram] **@komaneko0919**

アチーブメント出版
[Instagram] **achievementpublishing**
[twitter] **@achibook**
[facebook] **https://www.facebook.com/achibook**

猫がいるしあわせ
――オイラとおまえの物語――

2020年（令和２年）7月3日　第１刷発行

著　　者　駒猫
発 行 者　塚本晴久
発 行 所　アチーブメント出版株式会社
〒141-0031 東京都品川区西五反田2-19-2
荒久ビル4F
TEL 03-5719-5503 ／ FAX 03-5719-5513
http://www.achibook.co.jp

ブックデザイン　轡田昭彦＋坪井朋子
印刷・製本　株式会社光邦

ISBN 978-4-86643-066-9

猫たちと暮らす日常は
とてもしあわせです。
癒されて、楽しくて、元気をもらえて、
私たちに色んなことを教えてくれる。

ありがとう
ありがとう

心から感謝を込めて

駒猫